Ulrich Siegrist

Der Resilienzprozess

VS RESEARCH

Ulrich Siegrist

Der Resilienzprozess

Ein Modell zur Bewältigung von
Krankheitsfolgen im Arbeitsleben

Mit einem Geleitwort von Prof. Dr. Gerd Wiendieck

Bibliografische Information der Deutschen Nationalbibliothek
Die Deutsche Nationalbibliothek verzeichnet diese Publikation in der
Deutschen Nationalbibliografie; detaillierte bibliografische Daten sind im Internet über
<http://dnb.d-nb.de> abrufbar.

1. Auflage 2010

Alle Rechte vorbehalten
© VS Verlag für Sozialwissenschaften | GWV Fachverlage GmbH, Wiesbaden 2010

Lektorat: Dorothee Koch / Dr. Tatjana Rollnik-Manke

VS Verlag für Sozialwissenschaften ist Teil der Fachverlagsgruppe
Springer Science+Business Media.
www.vs-verlag.de

Das Werk einschließlich aller seiner Teile ist urheberrechtlich geschützt. Jede
Verwertung außerhalb der engen Grenzen des Urheberrechtsgesetzes ist
ohne Zustimmung des Verlags unzulässig und strafbar. Das gilt insbesondere
für Vervielfältigungen, Übersetzungen, Mikroverfilmungen und die Einspeicherung und Verarbeitung in elektronischen Systemen.

Die Wiedergabe von Gebrauchsnamen, Handelsnamen, Warenbezeichnungen usw. in diesem
Werk berechtigt auch ohne besondere Kennzeichnung nicht zu der Annahme, dass solche
Namen im Sinne der Warenzeichen- und Markenschutz-Gesetzgebung als frei zu betrachten
wären und daher von jedermann benutzt werden dürften.

Umschlaggestaltung: KünkelLopka Medienentwicklung, Heidelberg
Gedruckt auf säurefreiem und chlorfrei gebleichtem Papier
Printed in Germany

ISBN 978-3-531-17225-5

Geleitwort

Nur ganz selten verläuft ein Leben wie geplant und erhofft. Meist wird es irgendwann, oft ganz unerwartet, von Krisen durchbrochen, von Krankheiten bedrängt oder vom Schicksal erschüttert. Unheil und Unbill sind Stolpersteine, denen wir kaum ausweichen können. Sie haben die Kraft, uns aus der Bahn zu werfen, aber – und darum geht es in dieser Arbeit – sie können auch Wegmarken sein, die uns innehalten lassen und auffordern, den bisherigen Weg zu überdenken und neu auszurichten. Dann verliert dieser Lebensriss seine lähmende Macht und versorgt uns mit neuer Energie. Das nährt Neugier, Lebendigkeit und Mut. Vielen gelingt es so, den krisenhaften Stolperstein als Endpunkt einer problematischen und zugleich als Startpunkt einer neuen, sinnvolleren Lebensführung anzunehmen.

Ulrich Siegrist greift diese hoffnungsvolle Lebenserfahrung auf, analysiert ihre Quellen und gibt wertvolle Hinweise. Dieses lesenswerte und zugleich gut lesbare Buch macht uns mit der aktuellen psychologischen Forschung vertraut, lässt uns an realen Schicksalen teilnehmen und regt uns zu einer sensiblen Betrachtung und Steuerung des eigenen Lebensweges an.

Die Gesundheitswissenschaften – gleich welcher Fachrichtung, ob medizinisch, psychologisch oder soziologisch ausgerichtet – hatten sich in der Vergangenheit überwiegend mit krankmachenden Faktoren und Bedingungen beschäftigt und unser Wissen über die Fülle der schädigenden Einflüsse gewaltig erweitert und neue Heilungschancen eröffnet. Aber das Forschungsinteresse war relativ einseitig auf die krankmachenden Faktoren konzentriert. Erst in den letzten Jahren ist diese pathogenetische Forschungstradition durch eine salutogenetische Sicht erweitert worden. Hier lautet die Frage nicht, was macht uns krank, sondern, was erhält uns gesund?

Gesundheit wird dabei nicht als die Abwesenheit von Krankheit gedeutet, sondern als Fähigkeit zur erfüllten Teilhabe am Leben. Diese Definition ist zugegebenermaßen etwas unscharf, berücksichtigt dafür aber auch das subjektive Gefühl eines Menschen und bezieht sich nicht nur auf körperliche Aspekte, sondern auch auf geistige, seelische und soziale Vorgänge. Außerdem wird anerkannt, dass Gesundheit kein stabiler Zustand ist, sondern ein dynamischer Prozess, in dessen Verlauf wir uns mal mehr, mal weniger gesund fühlen können, ohne gleich krank zu sein.

Ulrich Siegrist orientiert sich an der modernen Resilienzforschung, die, wie der aus dem Lateinischen abgeleitete Name schon sagt, der Frage nachgeht, was einige Menschen so widerstandsfähig macht, dass selbst widrigste Umstände wie Armut, Verfolgung oder Misshandlung an ihnen abprallen, während andere daran zerbrechen. Dabei konzentriert er sich auf die Wechselwirkung zwischen persönlicher Krise und beruflicher Entwicklung – schließlich ist der Beruf mehr als nur die Chance zum Gelderwerb. Er hat identitäts- und sinnstiftende Bedeutung, definiert einen Platz in der Gesellschaft, verleiht Ansehen und erleichtert Teilhabe. Insofern hat die berufliche Entwicklung großen Einfluss auf unsere Gesundheit, die wiederum die berufliche Entfaltung begünstigt.

Nach einem informativen Streifzug durch die neueren Forschungsergebnisse analysiert der Autor sieben Menschen, denen es nach harten Schicksalsschlägen gelungen war, wieder festen Boden unter die Füße zu bekommen und dem eigenen Leben neuen Sinn zu geben. Motorradunfall, Schlaganfall und Krebs sind Erschütterungen, die ein „weiter wie bisher" unmöglich machen. Ohnmacht, Verzweiflung und Resignation, bis hin zur Todessehnsucht, sind häufige Folgen. Aber auch Umkehr, Neubesinnung und Aufbau sind machbar. Dies gelingt den Kämpfernaturen, die schon frühere Schläge gemeistert hatten, leichter als denen, die zum ersten Mal so vom Schicksal gefordert wurden. Ulrich Siegrist zeigt auf, dass Eigeninitiative und Selbstverantwortung wie auch die Chance zur beruflichen Wiedereingliederung eine Schlüsselrolle in diesem Gesundungsprozess spielen. Zum anderen kommt es auf das soziale Umfeld an. Die verständnisvolle Unterstützung aus Familie, Freundeskreis, und nicht zuletzt die vom Arbeitgeber, stärken und machen stark. Ulrich Siegrist kann dabei anhand seiner eigenen Forschung eindrucksvoll die gesundmachende Kraft positiver Gedanken belegen.

Wem es gelingt, aus der Abwärtsspirale der Grübelkognitionen auszubrechen und zuversichtlich nach vorn zu schauen, hat den steinigsten Weg schon hinter sich und beeindruckt die, die ihm nahestehen. Dies ist auch ein Appell an die Anderen, nicht die Hoffnung sinken zu lassen und nie die vom Schicksal Geschlagenen zurück zu lassen, sondern sie bei ihren anfangs noch tastenden, später festeren Schritten zu begleiten. Es lohnt sich für beide Seiten.

Prof. Dr. Gerd Wiendieck

Vorwort

In meinen Supervisions- und Coachingprozessen begegne ich immer wieder Menschen, die besonderen Belastungen im Arbeitsleben ausgesetzt sind. Und immer wieder höre ich die Frage: „Wie kann ich die widrigen Bedingungen durchstehen, ohne dadurch geschwächt zu werden? Wie kann ich im Idealfall sogar an den Schwierigkeiten und Herausforderungen wachsen?"

In Anbetracht der besonderen Belastungen wird schnell deutlich, dass diese Frage nicht oberflächlich beantwortet werden kann und dass allgemeine Rezepte, die noch schneller noch glücklicher machen sollen, hier nicht greifen. Ebenso schnell wird klar, dass die sonst übliche Trennung zwischen Privatperson und Arbeitsleben bei schweren Belastungen ihre Relevanz verliert, da gerade die wechselseitige Einflussnahme der unterschiedlichen Lebensbereiche kennzeichnend für die Belastungssituation ist. Wenig Hilfe bietet auch die tiefere Erkundung der Entstehungsfaktoren für widrige Umstände. Sie ist nur dann von Interesse, wenn sich daraus realistische Handlungsansätze oder Lösungen ableiten lassen.

Was also tun? Gibt es wissenschaftlich fundierte Ansätze, die den betroffenen Supervisanden und Coachees wirklich helfen können, sich in einen Prozess des Gedeihens trotz widriger Bedingungen hinein zu begeben? Hilfreich wären solche Ansätze dann, wenn sie sich nicht auf die Analyse dysfunktionaler Aspekte beschränkten, sondern auch Erkenntnisse über Ressourcen, Lösungen und die Bewältigung von Belastungen enthielten, und wenn sich daraus in den Alltag integrierbare Optionen ableiten ließen.

Meine Suche führte mich zu einem Forschungsansatz, der zwar Parallelen zu bekannten Konzepten aufweist, aber zumindest in der Arbeitspsychologie noch jung und wenig verbreitet ist. Wenn es gelingt, die bisherigen Theorie-Modelle dieses Ansatzes weiterzuentwickeln und vor dem Hintergrund der spezifischen Herausforderungen des Arbeitslebens anzupassen, kann er wichtige Antworten zu den genannten Fragestellungen liefern.

Dieses Buch soll einen Beitrag zur praxisnahen Erforschung des Resilienzansatzes leisten. Es beinhaltet meine Masterthesis (Master of Organizational Psychology), die ich im Sommer 2008 unter dem Titel „Aspekte der Resilienz bei krankheitsbedingten Belastungen im Arbeitsleben" an der Fernuniversität in Hagen erstellte. Ich danke meinen dortigen Betreuern, insbesondere Herrn Prof. Dr. Gerd Wiendieck und Frau Beate von Saint-George, für ihre ermutigenden Rückmeldungen, die mich letzten Endes veranlassten, meine Ergebnisse mit dieser Veröffentlichung einer breiteren Öffentlichkeit zur Verfügung zu stellen.

Ulrich Siegrist

Inhalt

1 **Einführung** 15
   1.1 Themenstellung 15
   1.2 Übersicht 16

2 **Begriffsbestimmung und psychologische Grundlagen** 19
   2.1 Arbeit 19
   2.2 Krankheit 21
   2.3 Belastung 22

3 **Konzepte zum Umgang mit Belastungen** 25
   3.1 Ressourcen- und Entwicklungsorientierung 25
   3.2 Coping 26
   3.3 Salutogenese 27
   3.4 Selbstwirksamkeit 28
   3.5 Krisenstrategien 28

4 **Das Resilienzkonzept** 31
   4.1 Forschungsstand 32
   4.2 Risiko- und Schutzfaktoren 34
   4.3 Rahmenmodell 35
   4.4 Aspekte familialer Resilienz 37
   4.5 Posttraumatisches Wachstum 37
   4.6 Abgrenzung 38
   4.7 Konzepte zur Resilienzförderung 40
      4.7.1 Die sieben Schlüssel zum Erreichen innerer Stärke ... 40
      4.7.2 Die sieben Säulen der Resilienz 41

5 **Forschungsprojekt** 43
   5.1 Ausgangslage 43
   5.2 Fragestellung 44

6	**Befragung**		**47**
	6.1	Forschungsparadigma	47
	6.2	Forschungsmethode	48
	6.2.1	Prinzipien qualitativer Sozialforschung	48
	6.2.2	Wahl des Forschungsinstruments	49
	6.2.3	Das Persönliche Gespräch	51
	6.3	Untersuchungsdesign	53
	6.3.1	Auswahl der Personen	53
	6.3.2	Gesprächsvorbereitung	54
	6.3.3	Gesprächsdurchführung	56
	6.3.4	Transkription und Verdichtungsprotokoll	56
	6.3.5	Herausarbeiten fragestellungszentrierter Aussagen	57
7	**Auswertung**		**59**
	7.1	Die Gesprächspartner	60
	7.1.1	HI: „mit dem Motorrad zerlegt"	61
	7.1.2	ST: „Schlaganfall"	65
	7.1.3	UL: „Schlaganfall"	69
	7.1.4	EX: „Ich hatte einen Motorradunfall"	73
	7.1.5	OF: „Der Krebs"	77
	7.1.6	UE: „Diagnose Leukämie"	81
	7.1.7	BN: „Autoimmunerkrankung der Schilddrüse"	85
	7.2	Die Zeit vor der Krise	89
	7.2.1	Von der Krise überrascht	89
	7.2.2	Erkennbare Zusammenhänge	89
	7.3	Die akute Phase	89
	7.3.1	Unterschiedliche Wahrnehmung der Dimension der Krise	89
	7.3.2	Ängste und Nicht-Mehr-Leben-Wollen	90
	7.3.3	Ausgeliefertsein	90
	7.3.4	Sich selbst Gutes tun	90
	7.4	Die Phase der Rekonvaleszenz	91
	7.4.1	Zeit der Erholung	91
	7.4.2	Möglichst kurze Krankenhausphase	91
	7.5	Umweltfaktoren	91
	7.5.1	Nahestehende Menschen als Unterstützung	91

7.5.2	Bedeutung der Behandler und Berater	92
7.5.3	Hilfreiche Vorbilder	93
7.5.4	Haustier	93
7.5.5	Finanzielle Sicherheit	93
7.6	Personale Ressourcen	94
7.6.1	Religion und Glaube	94
7.6.2	Lenkung der Gedanken	94
7.6.3	Vorerfahrungen im Umgang mit Krisen	95
7.6.4	Kämpfer	95
7.6.5	Verantwortungsübernahme	96
7.6.6	Bereitschaft, Hilfe anzunehmen	96
7.6.7	Zielstrebigkeit	96
7.6.8	Gesundheitsbewusster Lebensstil und Sport	96
7.6.9	Entspannungsfähigkeit	97
7.6.10	Kontaktfähigkeit	97
7.7	Verarbeitungsprozesse	97
7.7.1	Kämpfen versus Anpassung	97
7.7.2	Enttäuschungen versus Optimismus	98
7.7.3	Mit Ängsten umgehen	98
7.7.4	Rückschläge hinnehmen	98
7.7.5	Mit Krankheitsfolgen umgehen	99
7.7.6	Antworten auf das „Warum" finden	99
7.7.7	Kurzfristige versus langfristige Orientierung	99
7.7.8	Rückmeldungen erhalten	99
7.7.9	Rückzug versus Kontakt	100
7.7.10	Information versus Unbeschwertheit	100
7.8	Verhalten zur Arbeit	100
7.8.1	Den Lebensunterhalt sichern	100
7.8.2	Berufliche Ziele verfolgen	100
7.8.3	Berufliche Neuorientierung	101
7.8.4	Reduzierung und Strukturierung	101
7.8.5	Zeitpunkt der erneuten Arbeitsaufnahme	101
7.8.6	Flexible Arbeitskultur	102
7.8.7	Unterstützung durch den Arbeitgeber	103

7.9		Entwicklungsergebnisse	103
	7.9.1	Keine Vertiefung der Schuldfrage	103
	7.9.2	Das Schicksal annehmen	103
	7.9.3	Beibehalten früherer Orientierungen	104
	7.9.4	Neue Orientierungen	104
	7.9.5	Veränderte Bedeutung von Ehrgeiz	104
	7.9.6	Aktiv handeln	105
	7.9.7	Gestärktes Selbstbewusstsein	105

8 Diskussion ... **107**

8.1		Möglichkeiten und Grenzen der Methodik	107
	8.1.1	Validität und Reliabilität	107
	8.1.2	Repräsentativität und Generalisierbarkeit	109
	8.1.3	Erfahrungen in der Gesprächsführung	110
	8.1.4	Problematik der Auswertung	110
8.2		Erkenntnisgewinn	112
	8.2.1	Bedeutung von Arbeit	112
	8.2.2	Bedeutung des Umfelds	113
	8.2.3	Die Krise in der Krise	113
	8.2.4	Aktivität des Individuums	114
	8.2.5	Bedeutung von Kognitionen	115
	8.2.6	Dialektik der Prozesse	115
8.3		Übertragbarkeit des Resilienzmodells	117
	8.3.1	Ganzheitlichkeit des Modells	117
	8.3.2	Prozessorientierung	118
	8.3.3	Problematik der Rahmenmodells	118
	8.3.4	Anpassung des Modells	119

9 Rückblick und Ausblick ... **123**

9.1	Zur Untersuchung	123
9.2	Zur Anwendung	124

10 Literatur ... **127**

1 Einführung

1.1 Themenstellung

„Resiliency is an essential skill in every job sector – in corporations, small businesses, public agencies, professional services, and the self-employed – especially during times of turmoil. It is important to understand that when you are hit with life-disrupting events, you will never be the same again. You either cope or you crumble, you become better or bitter; you emerge stronger or weaker." (Siebert, 2005, S. 6)

Ursprünglich in der Pädagogik und Entwicklungspsychologie beheimatet, fand die Resilienzforschung erst in jüngerer Zeit Eingang in die Arbeitspsychologie. In Ergänzung zu anderen zuvor schon etablierten ressourcenorientierten Ansätzen richtet sie ihre besondere Aufmerksamkeit auf Aspekte, die angesichts vorhandener Belastungs- und Risikofaktoren zu einem positiven Entwicklungsergebnis führen können. Darüber hinaus zeichnet sich die Resilienzforschung dadurch aus, dass sie neben kognitiven und intrapsychischen Faktoren auch soziale und materielle Ressourcen in die Betrachtungen einbezieht. Insofern scheint es angebracht, die Frage nach dem Gedeihen trotz widriger Bedingungen insbesondere mit der Suche nach möglichen Prozessen oder Faktoren der Resilienz zu verbinden. Diese Suche bildet den Hintergrund der vorliegenden Arbeit, wenngleich die Themenstellung aus Kapazitätsgründen eingegrenzt ist auf Aspekte der Resilienz bei krankheitsbedingten Belastungen.

Belastungen durch schwere Erkrankungen stellen in Arbeitsprozessen eine besondere Herausforderung dar. Zum einen verschwimmen hier die Grenzen zwischen Privatperson und Arbeitsleben besonders intensiv, zum anderen führen sie oft über einen längeren Zeitraum hinweg zu einer Beeinträchtigung der Leistungs- und Arbeitsfähigkeit der Betroffenen und erfordern auch teilweise langfristige Anpassungsmaßnahmen hinsichtlich der Arbeitsgestaltung. Die Belastungen und Auswirkungen auf das Geschehen in der Erwerbsarbeit sollen hier aber nicht im Vordergrund der Überlegungen stehen. Thema dieser Arbeit ist vielmehr die Suche nach hilfreichen Faktoren – Einstellungen, Verhaltensweisen und Rahmenbedingungen – bei der positiven Bewältigung der genannten Belastungen. Auf der Grundlage einer qualitativen Erhebung sollen hierzu Hypothesen generiert werden.

Bei der Bearbeitung der Themenstellung ist Bescheidenheit angebracht. Auch wenn das Resilienz-Modell ein sehr umfängliches und vielfältige Faktoren berücksichtigendes ist, sind die auf die Arbeitspsychologie bezogenen Erkenntnisse der Resilienzforschung noch überschaubar. Gleichzeitig kann diese Arbeit aufgrund der Breite und Faktorenvielfalt des Resilienz-Modells nicht den Anspruch erheben, umfassend alle relevanten Aspekte zu berücksichtigen. Vielmehr geht es darum, der Resilienzforschung einen weiteren Mosaikstein hinzuzufügen.

1.2 Übersicht

Dieses Buch gliedert sich in drei Teile.

Im ersten Teil (Kapitel 1-4) soll der theoretische Zugang zur Fragestellung erschlossen werden. Dazu werden psychologische Grundlagen hinsichtlich der Bedeutung von Arbeit und von krankheitsbedingten Belastungen ebenso dargestellt wie bestehende Konzepte zum Umgang mit Belastungen. Der Themenstellung folgend, wird das Resilienzkonzept dabei in einem eigenen Kapitel berücksichtigt.

Der zweite Teil (Kapitel 5-7) wird von einer qualitativen Untersuchung zur Fragestellung bestimmt. Nach einer Konkretisierung des Anliegens wird das Forschungsprojekt vorgestellt, und die Ergebnisse werden ausgewertet.

Im dritten Teil (Kapitel 8-9) schließlich werden die gewonnenen Ergebnisse interpretiert, diskutiert und in Verbindung mit den theoretischen Grundlagen gesetzt. Dort werden auch die aus der Auswertung abgeleiteten Erkenntnisse formuliert und bewertet.

1.2 Übersicht

Im Text wird von Mitarbeitern, Führungspersonen, etc. die Rede sein. Wenn dabei auf die jeweilige Nennung beider Geschlechter verzichtet wurde, soll das der leichteren Lesbarkeit dienen. Gemeint sind Männer und Frauen gleichermaßen.

2 Begriffsbestimmung und psychologische Grundlagen

In dem von der Fragestellung berührten Themengebiet spielen die Bedeutung von Arbeit und das Erleben von Krankheit als Krisenauslöser und Belastungsfaktor im Arbeitsprozess eine wesentliche Rolle.

2.1 Arbeit

„Menschliche Arbeit hat nicht nur einen Ertrag, sie hat einen Sinn. Für die Mehrzahl der Bürger ist sie Gewähr eines gelingenden Lebensprozesses: Sie ermöglicht soziale Identität, Kontakte zu anderen Menschen über den Kreis der Familie hinaus und zwingt zu einem strukturierten Tagesablauf." (Brandt, 1983, S. 9)

Arbeit nimmt in unserer gegenwärtigen Gesellschaft einen zentralen Stellenwert ein. Sie wird nicht nur als Last und Pflicht erlebt, sondern auch als Leistung und Wert, und sie dient der sozialen Strukturierung, der Vermittlung zwischen Mensch und Natur und der Veränderung und Persönlichkeitsentfaltung (Wiendieck, 2003, S. 16). Jahoda (1983, S. 24) bezeichnet Arbeit als das „innerste Wesen des Lebendigen".

Im Zusammenhang mit der Fragestellung dieser Ausarbeitung soll Arbeit im Sinn von Erwerbsarbeit verstanden sein, als gesellschaftlich anerkanntes zielorientiertes Verhalten, das der Einkommenserzielung dient. Das Individuum verbindet mit Erwerbsarbeit die Befriedigung von Bedürfnissen nach Sicherheit, Entlohnung und Autonomie, häufig auch die persönliche und berufliche Weiterentwicklung (Weinert, 2004, S. 47). Kals (2006, S. 160) erklärt die Motive für Erwerbsarbeit anhand des Maslowschen Modells der Bedürfnishierarchie (Abb.

1). Insofern werden mit Arbeit auch soziale Bedürfnisse nach Kontakt, Anerkennung und Selbstwertschätzung und transzendente Bedürfnisse nach Selbstverwirklichung verbunden.

Abbildung 1: Bedürfnispyramide nach Maslow (1981), zitiert in Kals (2006, S. 161)

Aus entwicklungspsychologischer Sicht ist auch das Erwachsenenalter von Veränderung und Bewegung geprägt. Das Individuum ist dabei nicht passives Produkt externer Einflüsse, sondern auch aktives Subjekt, das Ziele setzt, Entscheidungen trifft und Anforderungen bewältigt (Faltermaier, Mayring, Saup & Strehmel, 2002, S. 27). Diese Persönlichkeitsentwicklung und die Veränderung von Motiven, Fähigkeiten und Verhaltensweisen geschehen zum großen Teil in der Auseinandersetzung mit der Arbeit (ebd., S. 102).

Die in den 1970er Jahren postulierte Vision einer Freizeitgesellschaft hat sich nicht erfüllt, vielmehr hat Erwerbsarbeit auch in der postindustriellen Gesellschaft nach wie vor einen zentralen Stellenwert (Weinert, 2004, S. 3), und der Verlust von Arbeit kann sich hemmend oder negativ auf die Entwicklung der Persönlichkeit des erwachsenen Menschen auswirken (Ulich, 1981, S. 40). Die Rahmenbedingungen für Erwerbsarbeit haben sich allerdings verändert, so dass Selbstverantwortung und Selbstorganisation eine bedeutende Rolle spielen.

Pongratz und Voß (2003, S. 9) sprechen in diesem Zusammenhang vom Arbeitskraftunternehmer, der einer verstärkten selbstständigen Planung, Steuerung und Überwachung der eigenen Tätigkeit, einer zunehmd aktiv zweckgerichteten „Produktion" und „Vermarktung" der eigenen Fähigkeiten und Leistungen und einer wachsenden bewussten Durchorganisation von Alltag und Lebensverlauf unterliegt. Ein Ergebnis dieser Veränderungen ist, dass durchgängige lineare Berufsbiographien seltener werden und Unsicherheit bei Umbrüchen und bei Scheitern entsteht. Insofern impliziert Arbeit auch eine Belastung und Beanspruchung für Physis und Psyche, die es zu bewältigen gilt (Wiendieck, 2003, S. 70).

2.2 Krankheit

Der Gesundheits- und Krankheitsbegriff ist Gegenstand vielfältiger Auseinandersetzungen. Die World Health Organization WHO hat mit ihrer Definition von Gesundheit eine Idealnorm gesetzt: „Health is a state of complete physical, mental and social well-being and not merely the absence of disease or infirmity" (World Health Organization, 2006, S. 1). Allerdings muss sich eine solche Definition den Vorwurf von Realitätsferne gefallen lassen, da absolute Zustände nicht zu erreichen sind (Bengel, Strittmatter & Willmann, 1999, S. 15).

In der Antike wurde Gesundheit häufig als Zustand von Ausgeglichenheit, Gleichgewicht und Ausgewogenheit betrachtet (Franke, 2006, S. 37). Dieser homöostatische Gesundheitsbegriff ist der heute wohl weltweit am meisten verbreitete (ebd.). Eng verwandt mit dieser Sichtweise und doch gegensätzlich ist der Begriff der Heterostase. Hier wird Gesundheit definiert als die Fähigkeit eines Menschen, den Störungen, mit denen er konfrontiert wird, aktiv zu begegnen und sie zu überwinden (ebd., S. 39).

Unter dem Einfluss naturwissenschaftlichen Denkens wurde Krankheit seit Beginn des 19. Jahrhunderts verstärkt aus biomedizinischer Sicht betrachtet. Nach diesem Verständnis ist der menschliche Körper einer Maschine vergleichbar, deren Funktionsstörungen durch physiologische Defekte und morphologische Veränderungen erklärt werden (Timm, 1987, S. 440). In späteren Modellen der Krankheitsentstehung wurden darüber hinaus allerdings auch zunehmend psychosoziale Faktoren zur Erklärung von Krankheiten herangezogen (Bengel et

al, 1999, S. 17). Auf der Grundlage eines solchen biopsychosozialen Modells benennt Franke (2006, S. 54) als Kennzeichen von Krankheit
- das Vorhandensein von objektiv feststellbaren körperlichen, geistigen und / oder seelischen Störungen bzw. Veränderungen
- die Störung des körperlichen, seelischen und sozialen Wohlbefindens
- eine Einschränkung von Leistungsfähigkeit und Rollenerfüllung und
- die Notwendigkeit von professioneller (medizinischer) und sozialer Betreuung.

Nach Hurrlemann (2000, S. 91) sollte allerdings der Eigendefinition des Krankheitsbegriffs durch das Individuum ein hoher Stellenwert zukommen, da eine allgemein-gültige Definition aufgrund der Vielfalt der Einflussfaktoren problematisch ist.

Physische und psychische Gesundheit oder Krankheit werden als wichtige Einflussfaktoren für relevante Entwicklungsprozesse im Erwachsenenleben betrachtet (Faltermaier et al, 2002, S. 64). Schwere Erkrankungen stellen hier Belastungen dar, die Krisen auslösen und auch unerwünschte Einschnitte im Lebenslauf und in der beruflichen Entwicklung nach sich ziehen. Zu den bedeutsamsten Folgen schwerer Erkrankungen gehören Arbeitsunfähigkeit, Frühberentung, Behinderung, Pflegebedürftigkeit sowie der Verlust potenzieller Lebensjahre (Robert-Koch-Institut, 2006, S. 57). In der Regel gehen mit diesen Folgen soziale und psychische Beeinträchtigungen und notwendige Veränderungen in der Arbeitsgestaltung einher.

Zusätzlich wirken sich Krankheiten auch insofern belastend auf den Arbeitsprozess aus, als dass gesundheitlich beeinträchtigte Beschäftigte häufiger von betriebsbedingten Entlassungen betroffen sind als die sogenannten „healthy-workers" (DAK Gesundheitsreport, 2008, S. 15).

2.3 Belastung

Der Begriff der Belastung weist in der Umgangssprache zunächst auf etwas Schweres oder eine Anforderung hin, die es zu bewältigen gilt. In der Psychologie wurde der Belastungsbegriff im Zusammenhang mit der Stressforschung geprägt, er wird häufig auch synonym mit dem Begriff Stress verwendet (Sewz,

2.3 Belastung

Seyran & v. Saint-George, 2006, S. 22). Stress wird hier als Belastungsfaktor definiert, dessen Rezeption zu einer Beanspruchung der Person führt. Die Art und Weise und die Intensität der Beanspruchung ist dabei nicht nur abhängig vom Stressfaktor, sondern auch von der Reaktion des Individuums auf die Beanspruchung (Kals, 2006, S. 169).

Lazarus macht in seinem transaktionalen Erklärungsmodell (Lazarus & Launier, 1981) deutlich, dass Stresssituationen als komplexe Wechselwirkungsprozesse zwischen den Anforderungen der Situation und der handelnden Person zu verstehen sind. Stress ist für ihn „not just an environmental stimulus or a response, but a troubled relationship between a person and the environment" (Lazarus, 1998, S. 168). Krankheitsbedingte Belastungen sind dem zufolge also nicht nur im Sinn der durch die Krankheit hervorgerufenen Beanspruchungen oder Funktionsstörungen zu verstehen, sie sind ebenso geprägt von der Interaktion, die das Individuum mit den Belastungsfaktoren eingeht. Dabei spielen die Prozesse der kognitiven Bewertung (appraisal) eine wesentliche Rolle (Franke, 2006, S. 105).

Wiendieck (2003, S. 81) verweist vor dem Hintergrund des transaktionalen Stressmodells auf Seligmans (1975) Konzept der erlernten Hilflosigkeit. Demnach reagieren Menschen auf schädigende Situationen, denen sie aus ihrer subjektiven Sicht nicht entgehen können, in dreifacher Weise:
1. Motivational: Sie ergeben sich in ihr Schicksal, resignieren, entwickeln weder Aktivität noch Aufbegehren
2. Kognitiv: Sie verlieren die Fähigkeit zur Lösung kognitiv komplexer Aufgaben
3. Emotional: Sie reagieren traurig und depressiv verstimmt.

Diese Reaktion muss jedoch nicht zwangläufig beim Auftreten von Stress eintreten, sondern ist abhängig von der individuellen Bewertung der Situation.

Im Zusammenhang mit Belastungen kommt auch dem Krisenbegriff eine gewisse Bedeutung zu. Nach Ulich (1987, S. 38) wird damit ein Zustand bezeichnet, der Folge einer Konfrontation mit „gefährlichen" Situationen ist. Während der Krise findet durch Interaktion ein Veränderungsprozess statt, der entweder zu einem positiven Ergebnis (Entwicklung), zu einem neuen Gleichgewicht (keine Veränderung) oder zu einer negativen Veränderung (Fehlentwicklung) führen kann (Abb. 2).

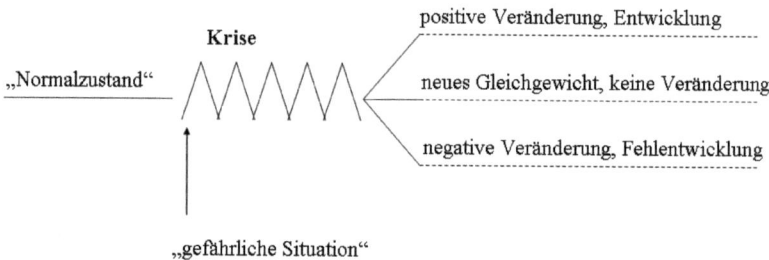

Abbildung 2: Krisenmodell nach Caplan, zitiert in Ulich (1987, S. 31)

In Unterscheidung zum transaktionalen Stresskonzept betont die Krisenforschung die emotionale Komponente der Belastung und die Bedeutung der auf der Personseite lokalisierten Zustandsänderung (ebd., S. 55). Auch wenn Ulich davor warnt, Krisen im Sinne einer idealisierenden Geschichtsdeutung generell positiv zu betrachten und Leiden zu bagatellisieren (ebd., S. 70), sieht er im Krisengeschehen doch die Möglichkeit positiver Entwicklung:

„In der Krise erkennt und erarbeitet sich die Person – bei positivem Ausgang – neue und bessere Wege der Bedürfnisbefriedigung, sie ordnet ihre Beziehungen zur Umwelt neu, es kommt zu einer Reorganisation „innerer Kräfte", neue Bewältigungsmuster werden zum integrierten Bestandteil der Persönlichkeit." (Ulich, 1987, S. 35)

3 Konzepte zum Umgang mit Belastungen

Prävention und Gesundheitsförderung und die Reduktion arbeitsbedingter Belastungen nehmen nicht nur in der Gesundheitspolitik, sondern auch im Arbeitsschutz und der Arbeitsgestaltung einen wichtigen Platz ein (vgl. Mosebach, Schwartz & Walter, 2007, S. 348). Auch die Sozialpolitik leistet mit ihren Ansätzen des Eingliederungsmanagements nach längeren Krankheitsphasen und den Bemühungen zur Beschäftigung von Menschen mit Behinderung einen Beitrag, um Menschen mit gesundheitlichen Einschränkungen die Teilhabe am Arbeitsleben zu ermöglichen (Kommunalverband für Jugend und Soziales Baden-Württemberg, 2007, S. 3).

Über diese betrieblichen und gesellschaftlichen Unterstützungsangebote hinaus kommt jedoch dem betroffenen Individuum eine hohe Bedeutung beim Umgang mit krankheitsbedingten Belastungen zu. So hat sich die psychologische Forschung auch überwiegend mit der individuellen Bewältigung von Belastungen beschäftigt und verschiedene für die Fragestellung dieser Arbeit relevante Konzepte entwickelt.

3.1 Ressourcen- und Entwicklungsorientierung

In der Psychologie hat sich in jüngerer Zeit ein Verständnis von menschlicher Entwicklung als ein sich über die gesamte Lebensspanne des Menschen erstreckender Prozess etabliert (Faltermaier et al, 2002, S. 24). Entwicklung verläuft dabei nicht eindimensional, sondern potenziell multidirektional als interaktives oder dialektisches Geschehen. Neben der Defizitorientierung finden sich in diesem Zusammenhang auch immer wieder Ansätze, die sich mit einem entwicklungsorientierten Umgang mit Belastungen, mit Prävention, Lösung, Heilung und Selbstheilung beschäftigen. Aus psychotherapeutischer Sicht sind hier Schulenbegründer wie C. G. Jung, A. Maslow und M. Erickson zu erwähnen (Reddemann, 2006, S. 1), die von der menschlichen Selbstheilungskraft überzeugt waren. Auch die im personzentrierten Ansatz postulierte Aktualisierungstendenz und die in der Systemtheorie dargestellte Selbstorganisation und Selbstreferenz (Siegrist, 2007, S. 105) beschreiben jeweils aus unterschiedlicher theoretischer Perspektive die Grundannahme von der einem Individuum oder System innewohnenden Entwicklungs- und Stärkungsmöglichkeit.

Die Konzepte zum Umgang mit Belastungen beruhen mehrheitlich auf dieser ressourcen- und entwicklungsorientierten Perspektive.

3.2 Coping

Lazarus beschreibt in Fortführung seines oben beschriebenen transaktionalen Stresskonzepts Bewältigungsprozesse, die er als Coping bezeichnet. Ziel des Coping ist es, „den schädigenden Einfluss von Umweltbedingungen zu verringern, Gegebenheiten für Erholung zu verbessern, emotionales Wohlbefinden und Sozialbeziehungen aufrecht zu erhalten sowie ein positives Selbstbild zu sichern" (Wustmann, 2004, S. 76). Dabei kommt der individuellen Fähigkeit zur Verarbeitung und Bewältigung internaler und externaler Anforderungen eine hohe Bedeutung zu (Sewz et al, 2006, S. 113).

Dem Coping liegen zwei Bewertungsprozesse zugrunde: die Ereigniseinschätzung, bei der das Stressereignis im Sinn von Herausforderung, Bedrohung oder Verlust/Schaden bewertet wird (primary appraisal) und die Ressourceneinschätzung, bei der die eigenen Handlungs- und Kontrollmöglichkeiten gegenüber der Risikositation im Vordergrund stehen (secondary appraisal) (Franke, 2006, S. 106). Auf der Grundlage dieser Bewertung finden kognitive und verhaltensmäßige Anstrengungen statt, mit dem Stressereignis umzugehen. Sie zielen zum einen ab auf die Kontrolle stressgeladener Emotionen (emotionsorientiertes Coping, affektive Funktion), zum anderen auf das Beherrschen oder Verändern von Stress erzeugenden Person-Umwelt-Bezügen (problemorientiertes Coping, instrumentelle Funktion) (Beckmann & Heckhausen, 2006, S. 96). Formen des Coping können sein: Informationssuche, direkte Aktion, Aktionshemmung, intrapsychische Bewältigung und Suche nach sozialer Unterstützung (Lazarus & Folkman, 1984, zitiert nach Wustmann, 2004, S. 79).

3.3 Salutogenese

Trotz theoretischer und empirischer Kritik hat das von dem Medizinsoziologen Antonovsky entwickelte Salutogenesemodell viel Beachtung gefunden (Kolip, Wydler & Abel, 2006, S. 12). Es baut auf dem Stress-Coping-Ansatz auf und hat vor allem in der praktischen Gesundheitsförderung eine hohe Attraktivität erlangt (Bengel et al, 1999, S. 19).

Im Gegensatz zu einer dichotomen Betrachtung von Krankheit und Gesundheit schlägt Antonovsky ein Health-ease/Dis-ease-Kontinuum vor, auf dem der Mensch als mehr oder weniger gesund oder krank eingestuft werden kann (Sewz et al, 2006, S. 117). Pathogene Entwicklungen können dann initiiert werden, wenn Stressoren eine psychische oder physische Spannung erzeugen, die nicht aufgelöst werden kann. Ebenso kann der Organismus jedoch mit einer neutralen oder salutogenen Entwicklung auf Stressoren und Spannung reagieren, wenn aufgrund von Kohärenzerleben ausreichend generalisierte Widerstandsressourcen aufgebaut werden können (ebd., S. 118). Insofern kommt dem Kohärenzerleben bei der Salutogenese eine Schlüsselrolle zu.

Antonovsky (1979, S. 10) versteht unter dem Kohärenzgefühl (Sense of Coherence, SOC)

„a global orientation that expresses the extent to which one has a pervasive, enduring tough dynamic feeling of confidence that one's internal and external environments are predictable and that there's a high probability that things will work out as well as can reasonably be expected."

Relevant für das Kohärenzerleben sind nach Antonovsky die Komponenten Verstehbarkeit (comprehensibility), Handhabbarkeit (manageability) und Sinnhaftigkeit / Bedeutsamkeit (meaningfulness) (Lorenz, 2004, S. 37). Je stärker diese Komponenten bei einer Person ausgeprägt sind, desto eher kann sie im Belastungsfall mit einer salutogenen Entwicklung reagieren.

3.4 Selbstwirksamkeit

Als dem Kohärenzgefühl nahestehend kann Banduras Modell der Selbstwirksamkeit (Bandura, 1997) betrachtet werden. Eine Komponente der Selbstwirksamkeit ist die internale Kontrollüberzeugung, die Annahme, als Person gezielt Einfluss auf Entwicklungen und Umwelt nehmen zu können. Demnach ist neben den tatsächlichen Befähigungen einer Person auch die Wahrnehmung der eigenen Fähigkeiten ausschlaggebend dafür, inwieweit Ziele verfolgt und Rückschläge als Herausforderung betrachtet werden (Weinert, 2004, S. 142).

3.5 Krisenstrategien

Ulich (1987, S. 36ff) beschreibt im Zusammenhang mit seinen Forschungen verschiedene Verhaltens- und Einstellungsmuster, die in Krisenzeiten zu einer gesunden Anpassung oder Verarbeitung beitragen können:
- Realistische Problemanalyse
- Freies Äußern von negativen Gefühlen
- Aktives Handeln
- Aufteilen der Problemlösungsversuche in kleine Schritte
- Bemühen um Aufrechterhalten der personalen Integrität und der alltäglichen Routinetätigkeiten
- Wechsel zwischen Aktivität und Ausruhen
- Bereitschaft sowohl zur Meisterung wie auch zum Zurückstecken bei unvermeidlichen Verlusten und Problemen
- Offenheit für neue Wahrnehmungen
- Grundlegendes Vertrauen in sich selbst und andere
- Hoffnung auch im Zustand des Leidens und der Frustration.

Während Ulichs Ausführungen vor dem Hintergrund einer psychoanalytischen Prägung entstanden, betonen neuste Veröffentlichungen primär kognitive Aspekte der Krisenbewältigung. So beschreibt Schmidt (2005, S. 34) das Konzept der Aufmerksamkeitsfokussierung, nach dem menschliches Erleben Ergebnis und Ausdruck von neuronalen Netzwerken ist, die aktiviert werden und das Erleben steuern. Dieses so gemachte Erleben wirkt dann wiederum selbstrückbezüglich auf die neuronalen Netzwerke ein und kann dabei auch stabilisierend oder verstärkend funktionieren. Ein Teil dieser Fokussierung geschieht auf unbewusster und unwillkürlicher Ebene, ein anderer Teil auch auf bewusster Ebene. Treten nun unerwünschte Erlebensmuster auf, kann eine Neufokussierung der Aufmerksamkeit zur Lösung der unerwünschten Muster führen. Wesentlich ist dabei die Konzentration auf solche Erlebnismuster und Ressourcen, die ein gewünschtes Erleben zieldienlich aktivieren.

Finke (2005, S. 238) betont im Blick auf die in Belastungssituationen häufig auftretende psychische Krise die Diskrepanz zwischen Orientierung vermittelnden Sinnkonzepten und bestimmten Realitätserfahrungen, die oft auch mit Angst und Trauer einhergeht. Zur Bewältigung der Krise müssen Sinnkonzepte wieder ihre Orientierungsfunktion erhalten.

4 Das Resilienzkonzept

Auch wenn das Resilienzkonzept eine Verwandtschaft zu den zuvor dargestellten Ansätzen vermuten lässt, vollzog sich seine Entstehung zunächst in der Entwicklungspsychopathologie und damit in einem eigenständigen Rahmen (Bengel et al, 1999, S. 59). Das besondere Interesse der Resilienzforschung galt einer positiven Entwicklungstendenz bei widrigen Bedingungen, die nach den Voraussagen der Grundlagenforschung so nicht zu erwarten gewesen wäre. Anders als die bisher vorgestellten Ansätze begrenzt sich das Resilienzkonzept aber nicht auf kognitive und intrapsychische Faktoren, sondern bezieht auch soziale und materielle Ressourcen in die Betrachtung ein.

Abgeleitet aus dem lateinischen Wort „resilere", bezeichnet der Begriff Resilienz die Fähigkeit einer Person oder eines Systems, erfolgreich mit Belastungen durch Stress oder schwierige Lebensumstände umzugehen. Synonym werden häufig die Begriffe Stressresistenz, psychische Robustheit oder psychische Elastizität verwendet (Wustmann, 2004, S. 18). Aus entwicklungspsychologischer Sicht sind damit Prozesse psychischer Resistenz gegenüber biologischen, psychologischen und psychosozialen Entwicklungsrisiken gemeint. Walsh (2006, S. 43) definiert:

> „Unter Resilienz kann man die Fähigkeit verstehen, zerrüttenden Herausforderungen des Lebens standzuhalten und aus diesen Erfahrungen gestärkt und bereichert hervorzugehen. Mit Resilienz sind nicht nur allgemeine Stärken gemeint, sondern auch dynamische Prozesse, die unter signifikant ungünstigen Umständen die Anpassung an eine gegebene Situation begünstigen."

Werner & Smith (2001, S. 3) beschreiben diese Prozesse als von Schutzfaktoren begünstige Pufferprozesse:

„Resilience is thus conceived as an end product of buffering processes that do not eliminate risks and adverse conditions in life but allow the individual to deal with them effectively."

Lafranchi (2006, S. 134) betont die gesundheitlichen und sozialen Aspekte des Resilienzbegriffs:

„Resilienz als relationales Konstrukt ist die Aufrechterhaltung der biopsychosozialen Gesundheit trotz hoher Störungsrisiken, die Entwicklung von Kompetenz unter aktueller Belastung, die Fähigkeit, sich von Traumata zu erholen und sich trotz Stress erfolgreich in die Gesellschaft zu integrieren."

Generell werden zwei Faktoren als konstitutiv für das Konstrukt der Resilienz betrachtet: zum einen muss eine signifikante Bedrohung für die (kindliche) Entwicklung vorliegen, und zum anderen muss eine erfolgreiche Bewältigung dieser belastenden Lebensumstände erkennbar sein (Wustmann, 2004, S. 18).

4.1 Forschungsstand

Die Ursprünge des Resilienzkonzepts gehen zurück auf die Beschäftigung mit Risikokindern, die sich trotz widriger Bedingungen zu kompetenten Erwachsenen entwickelt haben.

Werner und Smith (2001) begannen in den 1950er Jahren eine umfassende prospektive Studie zur Untersuchung der physischen, kognitiven und sozialen Entwicklung einer Kohorte in einem abgegrenzten Territorium, der Insel Kauai des Hawaii-Archipels. Hauptziel war es, die Langzeitfolgen prä- und perinataler Risikobedingungen und die Auswirkungen ungünstiger Lebensumstände zu erforschen (Wustmann, 2004, S. 87). Die prospektiv angelegte Studie erfasste die Daten aller Kinder (N = 698) des Geburtsjahres 1955 unmittelbar nach der Geburt sowie im zweiten, zehnten, achtzehnten, dreißigsten und vierzigsten Lebensjahr. Als Erhebungsinstrumente dienten Interviews, Verhaltensbeobachtungen, Persönlichkeits- und Lerntests sowie Informationen von Gesundheits- und Sozialdiensten, Gerichten und Polizeibehörden (Werner & Smith, 2001, S. 25). Im Rahmen der Forschung wurden wirtschaftliche Notlagen, psychische Krankheit oder Alkoholabusus der Eltern, Missbrauch oder Vernachlässigung der Kinder oder Komplikationen bei der Geburt, chronische familiäre Disharmonie, Krieg oder politische Gewalt als Risikofaktoren definiert (Werner, 2006, S. 29). Zum ersten Untersuchungszeitpunkt wurde ca. ein Drittel der untersuchten Kohorte zur Gruppe der Hochrisikokinder zugeordnet, sie waren jeweils mindestens vier risikoerhöhenden Bedingungen ausgesetzt. Während sich zwei Drittel der Hochrisikokinder deviant entwickelten, wuchs ein weiteres Drittel zu selbstsicheren, zuversichtlichen, schulisch und beruflich erfolgreichen und leistungsfähigen Erwachsenen heran, die auch im Alter von 40 Jahren noch eine vergleichsweise niedrige Rate an Todesfällen, Gesundheitsproblemen, Scheidungen oder sozialen Schwierigkeiten aufwiesen, obwohl alle ihre Lebensläufe auch von externen ökonomischen Belastungen gekennzeichnet waren (Wustmann, 2004, S. 88). Werner & Smith (2001, S. 56) nannten diese Kinder, die psychisch und sozial besonders widerstandsfähig waren, vulnerabel aber unbesiegbar. Neben Risiko- und Stressfaktoren wurden im Rahmen der Erhebung Protektivfaktoren biologischer, psychologischer und sozialer Art beschrieben, die in das Risiko- und Schutzfaktorenkonzept einflossen.

Zu Beginn der 1980er Jahre führten die seitherigen Erkenntnisse der Resilienzforschung zu einem verstärkten empirischen Interesse in der psychologisch-pädagogischen Forschung.

So untersuchte die „Bielefelder Invulnerabilitätsstudie" von Lösel und Mitarbeitern (Lösel & Bender, 1999) die seelische Widerstandkraft von Jugendlichen unter Bedingungen eines besonders hohen Entwicklungsrisikos, indem sie eine Gruppe von 66 von Erziehern als besonders resilient beschriebenen Jugendlichen aus Einrichtungen der Jugendhilfe einer Vergleichsgruppe von 80 als erlebens- und verhaltensgestört beschriebenen Jugendlichen aus denselben Einrichtungen gegenüber stellte. Die Studie belegt, dass die Besonderheit resilienter Jugendlicher darin besteht, dass sie in der Lage sind, trotz belastender Lebensbedingungen Kompetenzen und Persönlichkeitsmerkmale auszubilden, die zu einer relativ gesunden Entwicklung beitragen (Wustmann, 2004, S. 94).

Bittelmeyer (2007, S. 38) beschreibt eine Langzeitstudie von Siebert (2005), bei der der Umgang von 450 Mitarbeitern eines amerikanischen Telekommunikationsunternehmens mit einer lang andauernden Unternehmenskrise untersucht wurde. Im Ergebnis zeigten zwei Drittel der Mitarbeiter psychische und somatische Beeinträchtigungen wie Ängstlichkeit, Kraftlosigkeit, Migräne, Angstattacken, Depressionen und Herz-Kreislauf-Krankheiten. Ein Drittel der Mitarbeiter aber erhielt sich trotz der schwierigen Umstände Zufriedenheit und Gesundheit, ihre persönlichen Beziehungen waren stabil und ihre Leistungen im Unternehmen gut, sie waren überzeugt, ihre Zukunft beeinflussen und die schwierigen Umstände bewältigen zu können.

Insgesamt jedoch untersucht die überwiegende Zahl der Erhebungen das Resilienzphänomen im Rahmen von entwicklungspsychologischen Fragestellungen zur Kindheit und setzt sich wenig damit auseinander, inwieweit die Erkenntnisse auf das Erwachsenenalter und das Arbeitsleben übertragen werden können. Zwar gibt es inzwischen eine schier unüberschaubare Zahl an popularwissenschaftlichen Veröffentlichungen zum Thema, dies darf jedoch nicht darüber hinwegtäuschen, dass die Forschung zur Fragestellung noch in ihren Anfängen ist (Werner & Smith, 2001, S. 3).

4.2 Risiko- und Schutzfaktoren

Die zentralen Ergebnisse der Resilienzforschung werden in der Regel in Form eines Variablenkatalogs risikoerhöhender beziehungsweise protektiver Einflüsse auf die Entwicklung des Individuums dargestellt.

Hinsichtlich der risikoerhöhenden Einflüsse wird zunächst unterschieden zwischen Vulnerabilitätsfaktoren und Risikofaktoren bzw. Stressoren. Vulnerabilitätsfaktoren sind immanente biologische oder psychologische Merkmale der Person wie Folgen prä-, peri- und postnataler Störungen, neuropsychologische und psychophysiologische Defizite, chronische Erkrankungen, unsichere Bindungsorganisation, geringe kognitive Fertigkeiten oder geringe Fähigkeiten zur Selbstregulation von Anspannung und Entspannung (Wustmann, 2004., S. 38). Risikofaktoren bzw. Stressoren sind dem gegenüber im psychosozialen Umfeld der Person lokalisiert und wirken von dort heraus punktuell oder auch kontinuierlich auf die Person ein.

Protektive Faktoren stellen nicht das Gegenteil von Risikofaktoren dar, sondern werden als eigenständige Kategorie im Resilienzprozess betrachtet. Bengel et al (1999, S. 59) ordnen sie unter anderem nach folgenden Kriterien:

- Temperamentsmerkmale (z.b. eine vorwiegend positive Stimmungslage)
- Kognitive und soziale Kompetenzen (z.b. gute soziale Problemlösefähigkeit)
- Selbstbezogene Kognitionen und Emotionen (z.b. positives Selbstwertgefühl)
- Emotional sichere Bindung an eine Bezugsperson
- Soziale Unterstützung in und außerhalb der Familie
- Erleben von Sinn und Struktur im Leben (z.b. ethische Wertorientierung).

Masten (2001, zitiert in Wustmann, 2004, S.117) betrachtet protektive Einflüsse als Systeme, die für die Entwicklung von Resilienz von Bedeutung sind und identifiziert als solche: Bindungssysteme, menschliche Informationsverarbeitungssysteme, Selbstregulationssysteme für Aufmerksamkeit, Emotion, Erregung und Verhalten, Bewältigungsmotivationssysteme, Familiensysteme, kommunale Organisationssysteme, Spiritualität und religiöse Systeme.

4.3 Rahmenmodell

Aus der Beschäftigung mit Risiko- und Schutzfaktoren entstanden verschiedene Modelle, die Resilienz als Prozess mit einem spezifischen Entwicklungsergebnis darstellen. Die Modelle gehen meist von einem oder mehreren risikoerhöhenden und einem oder mehreren risikomildernden Faktoren aus, die jeweils auf unterschiedliche Art Einfluss auf das Entwicklungsergebnis nehmen (Wustmann, 2004, S. 57ff):

- Nach dem Haupteffekt-Modell wirken die risikoerhöhenden und die risikomildernden Faktoren direkt auf das Entwicklungsergebnis ein
- Das Mediatoren-Modell geht davon aus, dass die risikoerhöhenden und die risikomildernden Faktoren indirekt über einen Mediator auf das Entwicklungsergebnis einwirken
- Das Modell der Interaktion geht von einer interaktiven Beziehung zwischen risikoerhöhenden und risikomildernden Faktoren aus, so dass der risikomildernde Faktor quasi das Ausmaß der Risikobedingungen moderiert, in Abwesenheit der Risikobelastung aber keinen feststellbaren Effekt hat. Diesem

Modell folgt auch Werner, wenn sie die Wirkung von protektiven Faktoren als Pufferprozesse beschreibt (Werner & Smith, 2001, S. 3). Wustmann (2004, S. 65, modifiziert nach Kumpfer, 1999, S. 185) fasst die Modelle in einem holistisch-prozessualen Rahmenmodell von Resilienz zusammen (Abb. 3).

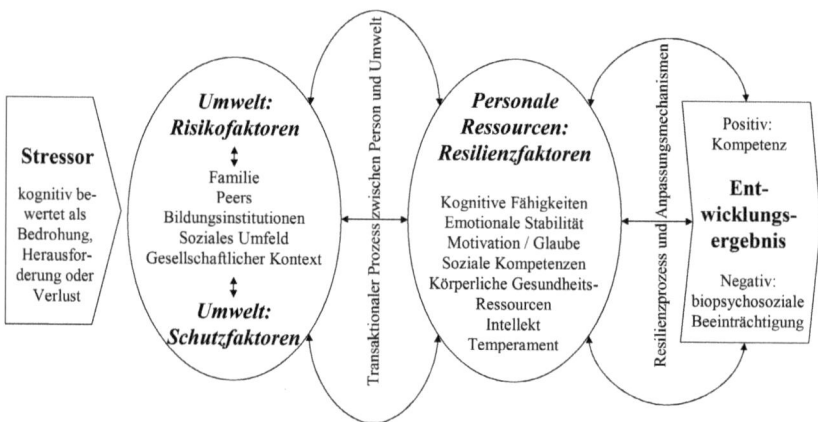

Abbildung 3: Rahmenmodell von Resilienz (modifiziert nach Wustmann, 2004, S. 65)

Demnach wird Resilienz von vier Prädiktoren bestimmt: dem akuten Stressor, der eine Störung des Gleichgewichts auslöst und den Resilienzprozess aktiviert, den Umweltbedingungen, den personalen Merkmalen und dem Entwicklungsergebnis. In der Bewältigung des Stressors spielt der Transaktionsprozess zwischen Umwelt und Person eine wichtige Rolle. Er wird beeinflusst durch selektive Wahrnehmung, Ursachenzuschreibung, Einsatz effektiver Coping-Strategien und Bindung an soziale Netzwerke. Das Zusammenspiel von Person und Entwicklungsergebnis als weiterer Transaktionsprozess wird in dem Rahmenmodell als Resilienzprozess beschrieben und kann sowohl effektive als auch dysfunktionale Anpassungsmechanismen beinhalten. Grundlegend ist dabei die Art und Weise, wie das Individuum mit Stress- und Risikosituationen umgeht (Wustmann, 2004, S. 29). Bei einem günstigen Verlauf reagiert das Individuum nicht passiv auf die Zwänge der widrigen Lebensumstände, sondern aktiv und sucht die Menschen und Gelegenheiten aus, die seinem Leben eine positive Wendung geben können (Werner, 2006, S. 36). Der gesamte Prozess unterliegt der Relationalität, so dass sich ein positives Entwicklungsergebnis unter Berücksichtigung von medizinischen, psychiatrischen und psychologischen Aspekten interindividuell sehr unterschiedlich darstellen dann.

Kritisiert werden muss das Modell dahingehend, dass es in erster Linie der Beschreibung des Handlungs- und Orientierungsprozesses in der Bewältigung von widrigen Lebensumständen dient, jedoch keine umfassende Erklärung für die Entstehung des Prozesses liefert und die Rolle der Einfluss nehmenden Vulnerabilitätsfaktoren vernachlässigt.

4.4 Aspekte familialer Resilienz

Ausgehend von einer Metaanalyse der pädagogisch-entwicklungspsychologisch orientierten Studien zur Resilienz, hat Walsh (2006, S. 60) einen Variablenkatalog entwickelt, der Schlüsselprozesse familialer Resilienz beschreibt:
- Überzeugungen der Familie: In widrigen Lebensumständen einen Sinn finden, optimistische Einstellung, Transzendenz und Spiritualität
- Strukturelle und organisatorische Muster der Familie: Flexibilität, Verbundenheit, soziale und ökonomische Ressourcen
- Kommunikation und Lösung von Problemen: Klarheit schaffen, Gefühle zum Ausdruck bringen, gemeinsam Probleme lösen.

Die Übertragbarkeit dieser Aspekte auf Krisensituationen im Erwachsenenalter und im Zusammenhang mit dem Arbeitsleben ist jedoch nicht überprüft. Auch ist unklar, wie die jeweiligen Variablen den im Resilienzmodell beschrieben Faktoren und Prozessen zugeordnet werden können.

4.5 Posttraumatisches Wachstum

In Weiterführung des Resilienzansatzes speziell im Feld der Traumaforschung entwickelte sich in den 1990er Jahren das Konzept des posttraumatischen Wachstums (Hepp, 2006, S. 151). Es widmet sich der Frage nach einem positiven psychologischen Entwicklungsergebnis im Rahmen des Bewältigungsprozesses extrem belastender Lebensereignisse (Zöllner, Calhoun & Tedeschi, 2006, S. 37). Das Konzept des posttraumatischen Wachstums beschreibt einen Verarbeitungsprozess, der in erster Linie im Rahmen von Denkaktivitäten wie Situationsanalyse, Sinnfindung und kognitiver Reinterpretation stattfindet (ebd., S. 40). Im Ergebnis führt der Prozess dann zu einer Veränderung in den Bereichen Selbstwahrnehmung (z.b. Überlebender versus Opfer), interpersonelle Beziehungen (z. B. Öffnung und Zulassen von Emotionen) und Lebenseinstellung (z. B. veränderte Prioritäten) (Hepp, 2006, S. 151).

4.6 Abgrenzung

Eine Abgrenzung des Resilienzansatzes fällt schwer und wird häufig nicht vorgenommen. Das Verhältnis zu anderen Konzepten zeichnet sich im Allgemeinen durch Überlappung und unscharfe Begriffsabgrenzungen aus (Borst, 2006, S. 197).

Bengel, Strittmatter und Willmann (1999, S. 59) kritisieren, dass die theoretischen Grundlagen des Resilienzkonzepts noch nicht ausgereift sind und auch ein ätiologisches Modell von Resilienz oder ein konzeptueller Rahmen mit explikativem Anspruch fehlen. Dies könnte erklären, warum zur Untermauerung des Resilienzkonzepts derzeit noch Erkenntnisse aus anderen Disziplinen herangezogen werden. Gleichzeitig aber betonen die Autoren (ebd.) auch die Eigenständigkeit der Resilienzforschung im Rahmen der Entwicklungspsychopathologie. Bezüglich des Salutogenesekonzepts weisen sie darauf hin, dass das Kohärenzgefühl zwar als wichtige Ressource für eine günstige Entwicklung betrachtet werden kann, dass Antonovskys Forschungen trotz seiner späteren positiven Beachtung der Resilienzforschung aber in keinem Zusammenhang mit den Untersuchungen beispielsweise von Werner und Smith (2001) standen, zumal diese sich in einer anderen, Antonovsky fremden, wissenschaftlichen Disziplin vollzogen.

Hildenbrand (2006, S. 26) benennt in Anlehnung an Boss (2006) vier besondere Charakteristika der Resilienz, die gleichzeitig auch der Abgrenzung gegenüber anderen Modellen dienen können: Zu einem ist Resilienz als kontextbezogene Kategorie zu verstehen, sie kann nicht immer und nicht in allen Situatio-

4.6 Abgrenzung

nen als wünschenswert vorausgesetzt werden. Zweitens ist Resilienz relational, sie darf medizinische und psychiatrische Symptome nicht außer Acht lassen. Drittens ist Resilienz eine interaktionale und soziale Kategorie, die in einen kulturellen und sozialen Entwicklungskontext eingebettet und nicht auf individuelle personale Eigenschaften zu reduzieren oder mit dem Begriff der Invulnerabilität zu verwechseln ist. Viertens sind resilienzbezogene Handlungsansätze zwar auf Stärken, nicht immer jedoch auf Lösungen fokussiert, so dass das Resilienzkonzept nicht als primär lösungs- oder erfolgsorientiert missverstanden werden darf.

Als Versuch der Abgrenzung stellt Borst (ebd, S. 197) gegenüber (Tab. 1):

„…Krise	Resilienz zielt auf die Reparatur.
… Risiko- und Schutzfaktoren:	Resilienz erklärt die Varianz, die von den Risiko- und Schutzfaktoren nicht erklärt wird; betrachtet Prozesse, nicht Faktoren; plädiert für Investition in Familien statt für Minimierung von Risiken.
… Coping:	Resilienz führt zu Transformation.
… Vulnerabilität:	Resiliente Personen sind vulnerabel, aber unbesiegbar: „vulnerable but invincible" (Werner 1982).
… Salutogenese:	Salutogenese verhält sich zu Pathogenese wie Resilienz zu Vulnerabilität."

Tabelle 1: Resilienz und ihre Abgrenzung nach Borst (2006, S. 197)

Zusammenfassend ist festzustellen, dass die Abgrenzung in erster Linie durch das Darstellen von Prozessen und Ergebnissen geschieht, während die besonderen Merkmale der Resilienz hinsichtlich der Ätiologie und Modellentwicklung selten beschrieben werden.

4.7 Konzepte zur Resilienzförderung

Den aktuellen Konzepten zur Förderung von Resilienz liegt die Annahme zugrunde, dass psychische Widerstandsfähigkeit erlernbar ist. Sie beruhen meist auf einer Stärkung der personbezogenen protektiven Faktoren. Wustmann (2004, S. 125) benennt als individuelle Ansatzpunkte zur Resilienzförderung bei Kindern: Problemlösefertigkeiten und Konfliktlösestrategien, Eigenaktivität und persönliche Verantwortungsübernahme, Selbstwirksamkeit und realistische Kontrollüberzeugungen, positive Selbsteinschätzung, kindliche Selbstregulationsfähigkeiten, soziale Kompetenzen, Stressbewältigungskompetenzen, körperliche Gesundheitsressourcen.

Bei der Resilienzförderung von Fach- und Führungskräften stehen derzeit Ansätze beispielsweise von Reivich und Shatté (2002) oder von Rampe (2005) im Vordergrund. Ähnliche Konzepte werden auch von Siebert (2005) und von Reddemann (2004) beschrieben.

4.7.1 Die sieben Schlüssel zum Erreichen innerer Stärke

Reivich und Shatté (2002) beschreiben in ihrem Trainingsansatz sieben Schlüssel zum Erreichen innerer Stärke und zum Überwinden von Hürden:
1. Gedanken beobachten: Ausgehend von dem Postulat, dass die Gedanken eines Menschen dafür verantwortlich sind, wie er sich fühlt, besteht der erste Schlüssel zur Resilienz in der Aufforderung, in schwierigen Situationen darauf zu achten, welche Gedanken genau Unwohlsein auslösen und wie realistisch sie sind
2. Denkfallen vermeiden: Denkfehler, die von regelmäßig hilfreichen Denkmustern abbringen, sollen erkannt und korrigiert werden
3. Eisberg-Überzeugungen aufspüren: Als Eisberg-Überzeugungen werden tiefsitzende Idealvorstellungen des menschlichen Verhaltens bezeichnet, weil sie das Denken, Handeln und Fühlen unbewusst beeinflussen und häufig starr und wenig förderlich sind. Solche Überzeugungen sollen entdeckt und auf ihre Gültigkeit hin überprüft werden

4. Problemlösekompetenz trainieren: Hier steht die Kompetenz zur realistischen Problemanalyse und zur flexiblen Suche nach Lösungsmöglichkeiten im Vordergrund
5. Katastrophendenken stoppen: Ziel ist, lähmendes und Furcht erregendes „Wenn-dann"-Denken zu stoppen und stattdessen einen konstruktiven Plan zur Krisenbewältigung zu erstellen
6. Beruhigen und Fokussieren: Gute und wirkungsvolle Entspannungstechniken sollen zur Ruhe und Kraft führen, um in Krisensituationen die notwendige Gedanken- und Impulskontrolle vorzunehmen
7. Resilienztechniken in Echtzeit praktizieren: Die vorgestellten Resilienztechniken sollen in den Arbeitsalltag integriert werden.

Die Autoren betonen die Möglichkeit der gezielten Einflussnahme auf kognitive Prozesse und geben eine Anleitung zum akkuraten Denken (Bittelmeyer, 2007, S. 43), mit dem spontane Gedanken und Gefühle im Interesse einer angemessenen Reaktion und Balance von optimistischem und realistischem Denken kontrolliert werden sollen. Sie gehen davon aus, dass die Gedanken eines Menschen dafür verantwortlich sind, wie er sich fühlt und fordern deswegen auf, die eigenen Gedanken zu beobachten, Denkfallen zu vermeiden und Überzeugungen auf ihre Gültigkeit hin zu überprüfen. Eine realistische Problemanalyse und die Suche nach Lösungsmöglichkeiten sollen helfen, lähmendes und Furcht erregendes „Wenn-dann"-Denken zu stoppen und stattdessen einen konstruktiven Plan zur Krisenbewältigung zu erstellen.

Insgesamt beruht das Konzept auf den Ansätzen der Positiven Psychologie und auf der gezielten Einflussnahme auf kognitive Prozesse in Abgrenzung zu psychoanalytischen und behavioristischen Ansätzen und folgt damit weitgehend den in Kapitel 3.5 beschrieben Krisenstrategien der kognitiven Verarbeitung.

4.7.2 Die sieben Säulen der Resilienz

Rampe (2005) beschreibt ebenfalls sieben Faktoren und bezeichnet diese als Säulen der Resilienz:
1. Optimismus: Optimismus bezeichnet den festen Glauben daran, dass Krisen zeitlich begrenzt und überwindbar sind

2. Akzeptanz: Die schwierige Situation soll als real akzeptiert werden
3. Lösungsorientierung: Optimismus und Akzeptanz führen zu der Frage nach möglichen Lösungen
4. Die Opferrolle verlassen: Dies soll durch Besinnen auf Stärken und eine angemessene Interpretation der Realität geschehen
5. Verantwortung übernehmen: Das Individuum soll eine angemessene Verantwortung für das eigene Handeln übernehmen
6. Netzwerkorientierung: Durch aktives Handeln soll ein stabiles soziales Umfeld geschaffen werden
7. Zukunftsplanung: Eine solide und umsichtige Vorbereitung auf mit großer Wahrscheinlichkeit eintretende Wechselfälle des Lebens, auch des beruflichen Lebens, soll vor massiven Rückschlägen schützen.

Bei der Vorstellung der verschiedenen Faktoren bezieht Rampe (ebd.) die Erkenntnisse verschiedener Forschungsrichtungen ein. Die Säule Optimismus beschreibt sie vor dem Hintergrund der Glücksforschung; bei der Akzeptanz, Lösungsorientierung und dem Verlassen der Opferrolle stehen kognitive Prozesse im Sinn eines veränderten Denkens im Vordergrund; den Faktor Netzwerkorientierung gründet sie auf dem von Czikszentmihalyi (1992) beschriebenen Flow-Erleben. Die Faktoren werden anhand zahlreicher Beispiele einzelner und teilweise prominenter Persönlichkeiten veranschaulicht und teilweise auch begründet. Dazwischen finden sich Hinweise zur praktischen Anwendung wie beispielsweise gedankliches Reframing oder die Reflektion der eigenen Situation anhand bestimmter Fragestellungen.

Im Zentrum des Trainingskonzepts der sieben Säulen der Resilienz steht damit die Stärkung der personalen Ressourcen und der Transaktionsprozesse zwischen der Person und ihrer Umwelt. Ein durchgängiges theoretisches Konzept ist in Rampes Trainingsansatz allerdings nicht zu erkennen. Auch hier zeigt sich das derzeit noch vorhandene Forschungsdefizit, das die Bildung eines auch für das Erwachsenenleben anwendbaren Resilienzmodells erschwert.

5 Forschungsprojekt

5.1 Ausgangslage

Der Autor dieser Arbeit betreibt ein Supervisionsbüro, in dem er Beratung und Begleitung in beruflichen Prozessen anbietet. Beratungskunden suchen das Büro häufig aufgrund aktueller Belastungs- oder Krisensituationen im Schnittfeld von Person und Arbeit auf. Entsprechend dem Leitspruch des Supervisionsbüros – finden-was-wirkt – geht es im Beratungsprozess dann darum, Wirkmechanismen in der Belastungssituation zu beleuchten und gemeinsam Lösungen zu suchen und zu finden.

Die von Kunden in die Beratungsprozesse eingebrachten Belastungssituationen stehen nicht immer im Zusammenhang mit Krankheit. Häufig zeigt sich auch, dass solche Situationen selten einfaktoriell bedingt sind, sondern in komplexen Zusammenhängen stehen, so dass in der Regel mehrere Stressoren parallel zueinander wirken. Werden schwere Erkrankungen jedoch als krisenauslösend erlebt, dominieren sie die Themen des Beratungsprozesses deutlich, so dass dem Umgang damit auch Raum gegeben werden muss. Der Fokus liegt dabei nicht auf der therapeutischen Verarbeitung der Krise, sondern auf der Entwicklung hin zu einem (beruflichen) Gedeihen trotz der widrigen Umstände.

Darüber hinaus arbeitet der Autor mit an einem Projekt „Coaching in Krisen". Im Rahmen dieses Projekts werden Coachingangebote an Führungskräfte in Krisen gemacht, die abzielen auf:
- Stabilisierung von Führungskräften in (Lebens-)Krisen
- Entwicklung, Aktivierung und Sicherung von Bewältigungsstrategien
- Erhaltung oder Wiedererlangung der Arbeitsfähigkeit
- Prävention durch Resilienz-Training (Luitjens, 2008).

Als mögliche Krisenauslöser werden dabei verschiedene Faktoren genannt, unter anderem schwere oder chronische Erkrankungen oder die Beteiligung an einem schweren Verkehrsunfall (ebd.).

Sowohl für die supervisorische Beratungspraxis als auch für das Coaching in Krisen ist das Erforschen von Faktoren der Bewältigung von krankheitsbedingten Belastungen im Arbeitsleben von Relevanz. Insofern war es das Interesse des Autors, sein diesbezügliches akademisches Wissen als Basis für die praktische Arbeit zu erweitern und zu vertiefen, das den Ausschlag zur Durchführung des Forschungsprojekts gab. Um aber eine wechselseitige Einflussnahme zwischen den Beratungsprozessen und dem Forschungsprojekt auszuschließen, erschien es günstiger, der Forschungsfrage zunächst unabhängig zum Beratungsgeschehen nachzugehen und das Vorhaben auch nicht institutionell einzubinden.

5.2 Fragestellung

Aspekte der Resilienz sind in jüngerer Zeit vor allem im Zusammenhang mit sozialpädagogischen Fragestellungen untersucht worden. Unter Einbeziehung von medizinisch-soziologischen und psychologischen Konzepten mit ressourcen- oder lösungsorientierter Ausrichtung erschließt sich zwar ein weites Feld an Ansätzen zur Überwindung schwieriger Lebensepisoden, eine Lücke ergibt sich allerdings bei der Fragestellung, welche Aspekte der Resilienz sich auch auf den Umgang mit Krankheit und auf das Arbeitsleben übertragen lassen. Zwar sind die Themenfelder Krankheit und Arbeit unter verschiedenen Blickwinkeln erforscht, die Erkenntnisse über Faktoren, Rahmenbedingungen und Prozesse der Resilienz im Blick auf krankheitsbedingte Belastungen im Arbeitsleben sind jedoch wissenschaftlich noch nicht weitgehend fundiert. Es geht dabei weniger um die Frage nach medizinischen, betrieblichen oder therapeutischen Interventionsmöglichkeiten, wie Gesundheit wiederhergestellt werden kann oder welche Voraussetzungen im Arbeitsprozess geschaffen werden können, um einen Wiedereinstieg trotz gesundheitlicher Beeinträchtigungen zu ermöglichen. Vielmehr geht es um die Suche nach Faktoren oder Prozessen, die dazu führen, dass eine Person auch im Blick auf ihre Arbeitssituation erstarkt aus einer krankheitsbedingten Krise hervorgeht.

5.2 Fragestellung

In Anlehnung an Walshs Definition von Resilienz (2006, S. 43) gilt diese Suche den Aspekten, die dazu beitragen, den zerrüttenden Herausforderungen der Krankheit standzuhalten und aus diesen Erfahrungen befähigt und bereichert in den Arbeitsprozess einzutreten. Mit Resilienz sind hier also nicht nur personenbezogene oder umweltbezogene Faktoren gemeint, sondern auch dynamische Prozesse, die trotz der krankheitsbedingten Belastungen die Anpassung im Blick auf berufliche Arbeit fördern.

Nach dem oben dargestellten Rahmenmodell von Resilienz können die gesuchten Aspekte Umweltfaktoren, personale Ressourcen, Merkmale des Transaktionsprozesses zwischen Person und Umwelt und Anpassungsmechanismen des Resilienzprozesses oder auch weitere, im bisherigen Modell nicht enthaltene Faktoren, beinhalten. Ausschlaggebend ist ihre positive Einflussnahme auf das Entwicklungsergebnis.

6 Befragung

6.1 Forschungsparadigma

Nach Hein und Sewz (2005, S. 10) können arbeits- und organisationspsychologische Aspekte nicht losgelöst von erkenntnistheoretischen Grundlagen betrachtet werden. Dies gilt sowohl für die Anwendung als auch für die Forschung. Lamnek (2005, S. 32) betont, dass der Mensch vor allem in der qualitativen Sozialforschung nicht nur Untersuchungsobjekt ist, sondern auch erkennendes Subjekt. Qualitative Forschung ist insofern auch beeinflusst von Erkenntnis leitenden Menschenbildannahmen, derer sich der Forscher bewusst sein sollte.

Das Menschenbild des Autors folgt dem Personzentrierten Ansatz (Siegrist, 2007, S. 103), der den Menschen als einen Organismus beschreibt, der autonom und handlungsfähig und zur Selbstreproduktion und Selbstorganisation befähigt ist und dazu neigt, sich konstruktiv in Richtung Selbstverwirklichung und Unabhängigkeit zu entwickeln (Weinberger, 1994, S. 97). Der Mensch wird als intentionales Wesen betrachtet, das sich in Auseinandersetzung mit seiner Umwelt befindet und in dieser Auseinandersetzung sein eigenes Leben gestaltet und entwickelt (Paulus, 1990, S. 24).

Bezogen auf die Forschungsfrage führt dieses Menschenbild zu einem interaktionistischen Paradigma für die Beschreibung des Verhältnisses von Person und Umwelt. Die interaktionistische Sicht geht davon aus, dass Umwelt – damit auch Arbeitsumwelt – und Persönlichkeit sich wechselseitig beeinflussen und ein System bilden, dessen Einheiten einander in ihrer Entwicklung vorantreiben (Kals, 2006, S. 149). Der Mensch wird dabei nicht als Objekt, sondern als produktiv realitätsgestaltendes Subjekt verstanden. Diese Annahme steht auch im Einklang mit dem Resilienzmodell, das den Menschen in der Wechselwirkung mit Umwelt- und Personfaktoren betrachtet.

Für die Forschung ergibt sich aus der interaktionistischen Sicht die Notwendigkeit, das Individuum als im Mittelpunkt der Handlungen stehendes Subjekt zu betrachten. Es geht dabei weniger um die Frage nach dem Warum als mehr um die Frage nach dem Wie und Wozu des Verhaltens, den Strukturen im Hier und Jetzt und der individuellen Bedeutung, die eine Person den Dingen und ihrer Umwelt beimisst (Lamnek, 2005, S. 41). Das Ziel der Forschung besteht darin, die Strukturen und Prozesse und die Erfahrungswelt der betroffenen Person im Sinne eines hermeneutischen Verstehens zu erfassen (ebd., S. 59). Die Kommunikativität zwischen Forscher und Forschungssubjekt wird dabei nicht als das Forschungsergebnis störender Faktor, sondern als konstitutives Element betrachtet (Koch, 2006, S. 7).

6.2 Forschungsmethode

Ziel des Forschungsprojekts ist es, offen an das Forschungsfeld heranzutreten und Faktoren, Prozesse und Phänomene, die im Zusammenhang mit der Forschungsfrage erkennbar werden, zu beschreiben und zu analysieren. Insofern liegt es nahe, eine qualitative Forschungsmethode zur Anwendung zu bringen (Lamnek, 2005, S. 21; Koch, 2006, S. 7).

6.2.1 Prinzipien qualitativer Sozialforschung

Es war die Kritik am normativen Paradigma und am Messbarkeitsideal der seinerzeit vorherrschenden quantitativen Forschung, die qualitative Erhebungsmethoden in den 70er Jahren des 20. Jahrhunderts stärker ins Zentrum wissenschaftlicher Untersuchungen treten ließ. Diese Methoden zeichnen sich dadurch aus, dass sie sich besonders eng an den Spezifika des zu untersuchenden Gegenstands orientieren und so dazu beitragen können, dort Neues zu entdecken:

> „Im Gegensatz zur quantitativen Forschung, die für eine empirische Erhebung im Vorhinein feste Konzepte über die soziale Realität erfordert (z. B. für die Konstruktion eines standardisierten Fragebogens), eignen sich qualitative Untersuchungen aufgrund der offenen, weniger strukturierten Methoden dazu, Neues und Unbekann-

6.2 Forschungsmethode

tes zu erforschen. Dabei handelt es sich häufig auch um das Erkennen von Unbekanntem in scheinbar bekannten Erfahrungswelten. Die Offenheit gegenüber sich verändernden sozialen Erfahrungswelten in Arbeit und Organisation ist die notwendige Voraussetzung qualitativen Forschens." (Koch, 2006, S. 4)

Um die Programmatik qualitativer Forschung zu beschreiben, benennt Lamnek (2005, S. 20) als deren zentrale Prinzipien:

- Offenheit: Ziel der Forschung ist die unvoreingenommene Exploration, bei der im Vorfeld keine Selektion durch methodische Filtersysteme oder vorab formulierte Hypothesen betrieben wird. Diese Offenheit bezieht sich nicht nur auf die Untersuchungsperson, sondern auch auf den Forschungsgegenstand und die Forschungsmethoden. Sie fordert vom Forschenden auch eine Unvoreingenommenheit gegenüber möglichen Ergebnissen und Erkenntnissen
- Forschung als Kommunikation: Die Forschungsergebnisse kommen durch Kommunikation und Interaktion zwischen Forscher und Erforschtem zustande
- Prozesscharakter von Forschung und Gegenstand: Verhaltensweisen und Aussagen der Untersuchten sind als prozesshafte Ausschnitte zu sehen, nicht als statische Phänomene
- Reflexivität von Gegenstand und Analyse: Bedeutung von Handeln wird nur unter Bezugnahme zum Kontext verständlich
- Explikation: Um Interpretationen und Forschungsergebnisse nachvollziehbar zu machen, wird von der qualitativen Forschung gefordert, die Einzelschritte des Untersuchungsprozesses so weit als möglich offen zu legen
- Flexibilität: der Forscher muss bei Bedarf flexibel reagieren und sich veränderten Bedingungen und Konstellationen anpassen.

6.2.2 Wahl des Forschungsinstruments

Nach Lamnek (2005, S. 329 & 552) ist die teilnehmende Beobachtung die qualitative Methode par excellence, da sie in der natürlichen Lebenswelt der Beobachteten eingesetzt wird. Allerdings war es bei der vorliegenden Fragestellung und den gegebenen Rahmenbedingungen der Arbeit notwendig, innerhalb einer zeitlich begrenzten Begegnung mit den Untersuchungspersonen einen über einen längeren Zeitraum andauernden Prozess zu erfassen, so dass es nahe lag, Interviews oder Gespräche zu führen, bei denen die Untersuchungspersonen zusammenfassend ihre Erfahrungen und ihre Sicht zur Forschungsfrage einbringen konnten. Ein Interview schien auch deswegen geeignet, weil der Autor davon ausging, am ehesten dadurch einen Zugang zum Feld zu finden, dass er einzelne Personen zu einem persönlichen Interview einlud.

Berücksichtigt werden musste bei der Auswahl der Methode, dass die Fragestellung weit gefasst ist und eine Methode gewählt werden musste, die sowohl die dem Befragten wichtigen Aspekte seiner inneren und äußeren Lebenswelt erfassen als auch die Beschreibung von Prozessen ermöglichen kann. Unter den verschiedenen Interviewformen kamen daher diejenigen in Frage, die eine Begegnung mit möglichst großer Offenheit fördern und dem Befragten großen Spielraum lassen, seine eigene Lebenswirklichkeit und seine Erfahrungen zu beschreiben. Zunächst fielen dabei mit dem Narrativen Interview und dem Tiefeninterview zwei verbreitete Interviewformen auf.

Das Narrative Interview wurde maßgeblich von Schütze (1977) im Zusammenhang mit lebensgeschichtlichen Fragestellungen entwickelt und ist eine zentrale Methode in der Biografieforschung. Im Narrativen Interview stehen nach einer Einleitungs- und Erklärungsphase Erzähltexte des Befragten im Mittelpunkt. Nach Lamnek (2005, S. 357) sind die methodologischen Vorteile der Methode:

„(1) Die Erzählungen kommen in ihrer Struktur den Orientierungsmustern des Handelns am nächsten und (2) das Erzählen beinhaltet implizit eine retrospektive Interpretation des erzählten Handelns."

Diese Vorteile würden dem Vorhaben, die Interviewpartner retrospektiv über ihre Erfahrungen vor, während und nach der krankheitsbedingten Krise berichten zu lassen und dabei Freiraum für ihre eigenen Orientierungsmuster zu ermöglichen, weitgehend entgegen kommen.

Unsicherheiten blieben allerdings bei der Überlegung, ob es allein anhand der Narration wirklich gelingen würde, die Lebenswirklichkeit und die tiefer liegenden Verarbeitungsprozesse des Befragten in ausreichender Weise zu erfassen. Hier schienen die Ansätze des Tiefeninterviews Vorteile zu bieten. Während im

Narrativen Interview Bedeutungszuweisungen und Interpretationen allein vom Befragten vorgenommen werden, ist der Forscher beim Tiefeninterview auf der Suche nach Bedeutungsstrukturierungen, die dem Befragten möglicherweise nicht bewusst sind (Lamnek, 2005, S. 371). Im Gegensatz zum Narrativen Interview führt der Forscher sein Gespräch dabei vor einem spezifischen theoretischen Hintergrund durch, meist rekurriert er auf den psychoanalytischen Ansatz (ebd., S. 372). So sehr es wünschenswert wäre, in die Tiefenstrukturen der Befragten vorzudringen, so problematisch wäre bei der Wahl dieser Methode aber, dass das für die Forschungsfrage wichtige Prinzip der Offenheit nicht eingehalten werden würde, wenn die voraussichtlich breit gefächerten Aussagen des Befragten vor einem psychoanalytischen Hintergrund gedeutet würden.

Bei der Suche nach einer Forschungsmethode, die die Vorteile des Narrativen Interviews nutzen, gleichzeitig aber einen intensiveren Zugang zu bis dato unbewussten Aspekten ermöglichen würde, gelangte der Autor schließlich zu der von Langer (2000) entwickelten Methode des Persönlichen Gesprächs und entschloss sich, bei der Befragung nach dieser vorzugehen.

6.2.3 Das Persönliche Gespräch

Die Methode des Persönlichen Gesprächs als Weg in der psychologischen Forschung wurde vor dem Hintergrund des Personzentrierten Ansatzes und der Themenzentrierten Interaktion entwickelt und folgt somit auch dem Forschungsparadigma und Menschenbild des Autors.

„Das Persönliche Gespräch ist dem erzählenden (narrativen) Interview (vgl. Schütze, 1977, 1978) ähnlich" (Langer, 2000, S. 32). Während es im Narrativen Interview jedoch eine klare Rollenaufteilung gibt, die dazu führt, dass die das Interview führende Person der informationsgebenden Person eher fern und verschlossen bleibt, stellt das Persönliche Gespräch die Begegnung von Person zu Person in den Vordergrund. So besteht nach Langer (ebd.) weniger die Gefahr, dass eine erhebliche zwischenmenschliche Distanz aufgebaut wird, die es der befragten Person schwer machen würde, das innere Erleben und differenzierte Erwägungen mitzuteilen. Das bedeutet, dass im Persönlichen Gespräch sowohl retrospektive Interpretationen vorgenommen als auch eigene Orientierungsmuster dargestellt werden können, und dass gleichzeitig zumindest ein gewisses Erforschen der tieferen Strukturen möglich ist.

Auch wenn das Persönliche Gespräch in keiner Weise psychotherapeutischen Zwecken dient und auch nicht als psychotherapeutische Sitzung missverstanden werden darf, liegen ihm doch Elemente der Personzentrierten (Klientenzentrierten) Psychotherapie zugrunde, die einen tieferen Zugang zum Erleben ermöglichen und die Langer (2000, S. 9) so beschreibt:

> „In der Klientenzentrierten Psychotherapie betrachtet und sortiert eine Person – verständnisvoll begleitet von der Therapeutin oder dem Therapeuten – ihre Wahrnehmungen, Fantasien, Gefühle und Gedanken, um realer mit sich, mit anderen und mit der Welt umzugehen. Die Therapeutin oder der Therapeut unterstützt sie bei dieser Suche nach ihrer persönlichen Wahrheit. Da liegt es nahe, auf diesem bewährten Weg auch im wissenschaftlichen Zusammenhang persönliche Wahrheiten und im Leben erprobtes Wissen aufzuspüren."

Der Forschende bietet dem Gesprächspartner also einen Rahmen, der ihm eine Auseinandersetzung mit seinen Gefühlen und Handlungsweisen in einer offenen Atmosphäre ermöglicht, die auch zu einer Selbstklärung führen kann. Um diesen Rahmen herzustellen, achtet der Forscher beim Persönlichen Gespräch auf eine gleichberechtigte Begegnung im vertrauensvollen Kontext und auf seine eigene personzentrierte Grundhaltung (Rogers, 2000).

Über die Methodik des Persönlichen Gesprächs hinaus gibt Langer noch Hinweise zur Weiterverarbeitung der gewonnenen Daten, so dass seine Darstellung auch als umfassende Anleitung zu Forschungsuntersuchungen mithilfe von Gesprächen genutzt werden kann (Langer, 2000, S. 10). Dieser Anleitung wird das Untersuchungsdesign folgen.

6.3 Untersuchungsdesign

6.3.1 Auswahl der Personen

„Wir laden solche Personen zu Gesprächen ein, die Ereignisse und Hintergrundsituationen zu unserem Forschungsthema intensiv und bewusst durchlebt haben. Das kann sogar eine kleine Minderheit sein. Ziel ist es allerdings, der Vielfältigkeit der Erfahrungen zu einem Lebensthema in einer Forschungsarbeit Raum zu geben." (Langer, 2000, S. 38)

Die Auswahl des Personenkreises erhebt nicht den Anspruch, eine repräsentative Stichprobe der in Frage kommenden Population zu sein. Vielmehr geht es darum, den Personenkreis einerseits einzugrenzen auf Menschen, die zum konkret gestellten Forschungsthema einen Beitrag leisten können, und andererseits den Personenkreis auch so weit zu fassen, dass der Vielfältigkeit der möglichen Erfahrungen Rechnung getragen wird. Langer (ebd.) weist darauf hin, dass auch aus Forschungsarbeiten, in die nur wenige Personen einbezogen wurden, schon weit reichende Erkenntnisse gewonnen wurden. Weiter ist zu berücksichtigen, dass der Zeitbedarf für die Durchführung und Auswertung eines Gesprächs sehr hoch ist, so dass die Anzahl der ausgewählten Personen auch aus zeitlichen Erwägungen heraus limitiert werden muss.

Auch wenn der Forschungsansatz bewusst auf den Anspruch der Repräsentativität verzichtet, war es dem Autor doch wichtig, solche Personen auszuwählen, die Ähnlichkeiten mit seinen Beratungskunden aufweisen. Dies sind in erster Linie akademisch gebildete Fachkräfte oder Führungskräfte der mittleren Führungsebenen. Hinsichtlich der krankheitsbedingten Belastungen machte der Autor eine Einschränkung dergestalt, dass er Personen auswählte, die einen Unfall oder eine schwere körperliche Erkrankung im Sinne der in Kapitel 2.2 dargestellten Krankheitsdefinition nach Franke (2006) erlitten hatten, anschließend jedoch so weit wiederhergestellt waren, dass sie grundsätzlich arbeitsfähig waren. Personen, bei denen eine psychische Erkrankung zu Belastungen im Arbeitsleben geführt hatte, nahm der Autor nicht in den Personenkreis der zu Befragenden auf, um Vermischungen mit bei psychischen Erkrankungen spezifisch auftretenden intrapsychischen Prozessen auszuschließen.

Insgesamt führte der Autor sieben Gespräche zum Forschungsthema. Die Gesprächspartner werden im Auswertungskapitel vorgestellt.

6.3.2 Gesprächsvorbereitung

Die Methode erfordert zunächst eine bestimmte innere Haltung auf Seiten des Interviewers. Vor dem Hintergrund, dass im Gespräch eine persönliche Begegnung stattfindet, ist eine personzentrierte Grundhaltung notwendig, um die Selbstexploration des Gegenübers zu fördern. Diese Grundhaltung beruht analog zur Grundhaltung in Personzentrierten Beratungs- oder Therapieprozessen auf drei Säulen (Rogers, 2000, S. 23):

- Echtheit des Interviewers (Kongruenz): Sie erfordert seitens des Interviewers ein Offensein für das eigene Erleben und die Fähigkeit, dieses eigene Erleben zu nutzen. Er soll der Versuchung widerstehen, sich hinter einer professionellen Maske zu verbergen
- Bedingungsfreie Akzeptanz (Wertschätzung): Die Zuwendung des Interviewers soll gleichzeitig frei sein von Beurteilungen und Bewertungen der Gedanken, Gefühle und Verhaltensweisen des Befragten. Die Wertschätzung des Gegenübers ist nicht an Bedingungen geknüpft
- Präzise einfühlendes Verstehen (Empathie): Das innere Erleben des Befragten und die dabei latent oder deutlich vorhandenen Gefühle spielen eine wesentliche Rolle.

Das bedeutet, dass der Interviewer bereit sein muss, seinem Gesprächspartner ein aufrichtiges Gegenüber zu sein und ihm Wertschätzung dafür entgegen zu bringen, dass er ihm etwas aus seiner inneren und äußeren Welt anvertraut (Langer, 2000, S. 21).

Neben dieser inneren Vorbereitung empfiehlt Langer (ebd., S. 39) im Vorfeld vor einem Gespräch auch die inhaltliche Auseinandersetzung mit der Fragestellung im Sinne einer Selbstklärung, um sich der eigenen Gedanken und Gefühle zum Thema gewahr zu werden. Ebenso empfiehlt er eine schriftliche Vorlage, um das Gesprächsanliegen und Thema später auch präzise formulieren zu können (ebd., S. 45).

In der Selbstklärung konnte der Autor für sich festhalten:
- Ich habe keine eigenen Vorerfahrungen mit schweren Erkrankungen oder gesundheitlichen Einschränkungen. Das lässt mich aber nicht ängstlich vor der Thematik zurückschrecken, sondern eher respektvoll und interessiert auf Menschen mit entsprechenden Erfahrungen zugehen
- Ich kann nicht sagen, wie ich im Fall einer schweren Erkrankung reagieren würde und welche Auswirkungen diese auf mein inneres Wohlbefinden und meine Orientierungen hinsichtlich meiner Arbeitstätigkeit hätte. Generell gehe ich davon aus, dass jede Form von Reaktion und Orientierung möglich wäre, und das möchte ich auch meinem Gegenüber zugestehen
- Es fasziniert mich, Menschen kennen zu lernen, die trotz schwerer Bedingungen gedeihen. Ich empfinde es als eine persönliche Bereicherung, wenn meine Gesprächspartner mir Einblicke in ihre Welt geben.

Zur konkreten Gesprächsvorbereitung erarbeitete der Autor einen Leitfaden, der sich nicht nur auf die Formulierung des Themas beschränkte, sondern auch alle notwendigen Details beinhaltete, die bei der Eröffnung und Durchführung des Gesprächs gesagt oder erfragt werden sollten. Elemente waren:
- Einführung ins Thema
- Eigener Bezug zum Thema, wie in der Beschreibung der Ausgangslage zur Fragestellung und im Rahmen der Selbstklärung dargestellt
- Rahmen für das Gespräch: Das Gespräch wird auf der Grundlage des Personzentrierten Ansatzes geführt. Es geht um das Erschließen der inneren Welt vor, während und nach der Krise
- Organisatorische Rahmenbedingungen: Es gibt kein „zu kurz" oder „zu lang" für die Dauer des Gesprächs. Der Ort sollte ungestört sein. Das Gespräch wird aufgezeichnet, Vertraulichkeit und Anonymisierung werden zugesichert
- Thematische Einstimmung: Sie beinhaltet die Einladung, die eigene Geschichte zur Fragestellung noch einmal Revue passieren zu lassen und dann frei zu erzählen, welches Verhalten, welche Rahmenbedingungen wichtig waren und wie es gelang, beruflich wieder Fuß zu fassen
- Während des Gesprächs: Sofern der Gesprächspartner nicht aus eigenem Anlass Angaben dazu macht, ist darauf zu achten, Informationen zu erhalten

über: Alter, Beruf, Ausbildung, beruflicher Werdegang, Familienstand, soziales Netzwerk, Selbstbeschreibung der eigenen Persönlichkeit, Faktoren, die besonders halfen, wieder beruflich Fuß zu fassen
- Abschluss: Am Ende des Gesprächs sollte eine kurze Bilanz stehen und der Hinweis auf das vom Interviewer anzufertigende Verdichtungsprotokoll und die Möglichkeit der Autorisierung durch den Befragten. Bei Bedarf sollte ein Angebot zu einer „Nachsorge", einer gewissen Nachbetreuung für besonders schwierige Themen, gemacht werden.

6.3.3 Gesprächsdurchführung

Der konkreten Gesprächsdurchführung lag dann der Gesprächsleitfaden zugrunde. Die Rahmenbedingungen für die Gespräche wurden so organisiert, dass ein ruhiger Raum und ausreichend Zeit zur Verfügung standen. Alle Gespräche wurden mit Genehmigung der Gesprächspartner auf Band aufgezeichnet.

Im Gespräch achtete der Autor darauf, durch verstehende Resonanz die Selbstexploration des Gesprächspartners zu fördern. Aufgrund der Ausbildung des Autors in personzentrierter Gesprächsführung und Beratung war hierzu keine weitere spezifische Vorbereitung nötig.

6.3.4 Transkription und Verdichtungsprotokoll

Zur Nachbereitung fertigte der Autor zunächst auf der Grundlage der Regeln von Kuckartz, Dresing, Rädiker und Stefer (2007, S. 27ff) ein wörtliches, sprachlich aber leicht geglättetes und anonymisiertes Transkript, aus dem er dann in einem zweiten Schritt ein Verdichtungsprotokoll exzerpierte. Das Verdichtungsprotokoll stellt eine lesbare, geraffte Wiedergabe der Substanz des Gesprächs dar. Den Vorschlägen Langers (2000, S. 59ff) folgend, beginnt es mit einer Kurzvorstellung des Gesprächspartners und mit Informationen zu den Rahmenbedingungen und dem Verlauf des Gesprächs. Gesprächsinhalte werden nach Themenbereichen geordnet, ohne dabei aber die Chronologie des Gesprächs wesentlich zu durchbrechen. Jeder Themenbereich wird mit einer Überschrift, einem Überblick gebenden, informierenden Text und dazu passenden wörtlichen Zitaten aus den Gesprächsabschnitten versehen. Die Vorgehensweise bei der Erstellung des Verdichtungsprotokolls entspricht damit in ihren Grundzügen der von Koch (2006, S. 62) beschriebenen Sequenzanalyse und Paraphrase von Texten, unterscheidet sich von dieser aber dadurch, dass sie weniger auf die Tiefenstruktur des Textes und mehr auf das Erleben des Gesprächspartners abhebt. Insofern ist bei der Erstellung von Verdichtungsprotokollen auch auf die Authentizitätsebene zu achten. Es werden nur solche Gesprächsaussagen berücksichtigt, die auf der Authentizitätsebene des selbst Erlebten aufbauen. Aussagen darüber, was Dritte erlebt haben, sind nicht authentisch und werden deswegen nicht berücksichtigt (Langer, 2000, S. 60).

Entsprechend der Empfehlung Langers wurden die Verdichtungsprotokolle nach Erstellen den Gesprächspartnern zur Autorisierung und eventuellen Korrektur von Passagen, die sie für unzutreffend halten, vorgelegt.

6.3.5 Herausarbeiten fragestellungszentrierter Aussagen

„Im Anschluss an die Gesprächsdokumentation und deren Zusammenfassung knüpfen wir die Verbindung zu den Fragestellungen und zum Anliegen unserer Forschungsarbeit." (Langer, 2000, S. 63)

Ziel der Gesprächsanalyse ist es, zu fragestellungszentrierten Aussagen zu gelangen. Auf der Grundlage der Verdichtungsprotokolle werden deswegen diejenigen Aussagen herausgearbeitet, die zu einer Aufhellung des Forschungsanliegens beitragen können. Diese Aussagen können sowohl auf den Gesprächspartner bezogen sein (personengebundene Aussage) als auch eine über die Person hinausgehende Form annehmen (generalisierende Aussage). Während die Gültigkeit der personengebundenen Aussage auf die am Gespräch teilnehmende Person beschränkt ist, steht der Gesprächspartner bei der verallgemeinernden Aussage stellvertretend für weitere Personen. Die im Gespräch vorgefundenen Aspekte werden dabei in allgemeiner Form ausgedrückt, ohne aber unzulässigerweise zu postulieren, dass dieser Aspekt bei allen Personen in entsprechenden Situationen vorgefunden werden muss (ebd., S. 65). Langer (ebd., S. 64) weist darauf hin, dass diese Vorgehensweise zu einem im allgemeinen wissenschaftlichen Sprachgebrauch ungewohnten Aussagenstil führt, der aber notwendig ist, um dem Sachverhalt gerecht zu werden.

Um die Ableitung der jeweiligen Aussagen nachvollziehbar zu machen, entschied sich der Autor zu einer tabellarischen Darstellung, in der er neben dem Verdichtungsprotokoll auch die den jeweiligen Textpassagen zugeordneten personengebundenen und generalisierenden Aussagen notierte.

Dieses Vorgehen ähnelt dem der qualitativen Inhaltsanalyse nach Mayring (2007, S. 18), der die qualitative Analyse als verstehende Wissenschaft ansieht, die am Individuellen ansetzt und von dort ausgehend verallgemeinernde Klassifizierungen und Hypothesen bildet. Er empfiehlt deswegen, die inhaltstragenden Textstellen zu paraphrasieren und anschließend zu generalisieren (ebd., S. 60). Während bei Mayring (ebd., S. 74ff) aber die Materialreduzierung durch Reduktion der Aussagen eine wesentliche Rolle spielt, setzt Langer (2000, S. 80) zunächst auf das Panorama der vorgefundenen Lebenswirklichkeiten, um von dort aus zu übergeordneten und verketteten Aussagen zu gelangen und diese anschließend thematisch zu strukturieren.

7 Auswertung

Die Auswertung der Untersuchung erfolgte in zwei Etappen. Elemente der ersten Etappe waren die Transkription, das anschließende Erstellen des Verdichtungsprotokolls und, darauf aufbauend, das Herausarbeiten der jeweiligen personengebundenen Aussagen in einer tabellarischen Übersicht. Diese erste Etappe zeichnete sich dadurch aus, dass sie sehr an der einzelnen Person und ihrer individuellen Erfahrung und Sichtweise orientiert war. Die Verdichtungsprotokolle und dazugehörenden Aussagen zur Fragestellung lassen die einzelnen Personen lebendig werden und machen auch Prozesse nachvollziehbar.

In der zweiten Auswertungsetappe ging es dann darum, in der tabellarischen Übersicht die generalisierenden und auf die Fragestellung bezogenen Aussagen der Gesprächspartner zu ergänzen, um sie anschließend zu sichten und sie übergreifend für alle Gesprächspartner zusammenzufassen und zu strukturieren. Zur Strukturierung bediente sich der Autor zunächst der Chronologie, indem er zwischen den Phasen vor, während und nach der krankheitsbedingten Krise unterschied. Die Zeit während der Krise wurde in eine akute Phase und eine Rekonvaleszenzphase unterteilt. Ein weiterer Gliederungsaspekt waren die im Rahmenmodell der Resilienz beschriebenen Elemente wie Umweltfaktoren, personale Faktoren, Verarbeitungsprozesse und Entwicklungsergebnisse. In dieser zweiten Etappe stand die einzelne Person nicht mehr im Vordergrund, vielmehr ging es um das verallgemeinernde Darstellen der relevanten Aspekte.

Den Hauptteil der Auswertung bilden anschließend die zusammengefassten und gegliederten Aussagen der Gesprächspartner zur Fragestellung. Um die Zuordnung der Aussagen zu den jeweiligen Personen zu erleichtern, wurden die Namenskürzel der entsprechenden Gesprächspartner bei den einzelnen Aussagen in Klammern hinzugefügt.

Dadurch bedingt, dass die gesundheitliche Beeinträchtigung für einen Teil der Gesprächspartner durch einen Unfall ausgelöst wurde und für einen anderen Teil durch Erkrankung, verwenden die Gesprächspartner unterschiedliche Begrifflichkeiten für die Phase der starken gesundheitlichen Beeinträchtigung. Im Sinn des in Kapitel 2.3 vorgestellten Krisenkonzepts werden die unterschiedlichen Formulierungen in der Auswertung unter dem Begriff der Krise zusammengefasst. Gemeint ist damit immer die durch gesundheitliche Beeinträchtigungen entstandene Krise.

Bei der Darstellung der Auswertung entschied sich der Autor, die umfangreichen, sich im Anhang der Original-Arbeit befindlichen, Tabellen mit den den jeweiligen Aussagen aus den Verdichtungsprotokollen zugeordneten personenbezogenen und generalisierenden Aussagen zur Fragestellung hier aus Kapazitätsgründen nur in Auszügen wiederzugeben. So bleibt die Übersichtlichkeit der Arbeit gewahrt, während gleichzeitig ein Verstehen der Gesprächspartner hinsichtlich ihrer Belastungssituationen und Arbeitszusammenhänge und teilweise auch ihrer Erfahrungen, Einstellungen und tieferen Empfindungen möglich wird. Die den Tabellen zugrunde liegenden Verdichtungsprotokolle bilden als von den Gesprächspartnern autorisierte zusammenfassende Dokumentation eine wichtige Grundlage für die Ableitung der personenbezogenen und der generalisierenden Aussagen zur Fragestellung und damit zur zusammenfassenden Auswertung. Abschnitte, die dort als Zitate gekennzeichnet sind, geben die wörtliche Rede der Gesprächspartner wieder und sind den Transkriptionen der einzelnen Gespräche vom Frühjahr 2008 entnommen.

7.1 Die Gesprächspartner

Die Kontakte zu den Informationen gebenden Personen kamen auf Initiative des Autors zustande, der einen Teil der Gesprächspartner zuvor schon entfernt persönlich kannte (HI, UE), einen anderen Teil durch Vermittlung von Studienkollegen und Freunden (ST, UL, EX) und einen weiteren Teil durch Foreneinträge und Kontaktsuche im Online-Netzwerk Xing (OF, BN) kennen lernte.

In einem Austausch per Telefon oder E-Mail, der dem jeweiligen Gespräch vorausging, wies der Autor darauf hin, dass neben der durchlebten Krise ein wichtiges Kriterium das sei, dass die Gesprächspartner für sich empfanden, aufgrund ihrer eigenen Erfahrungen des (beruflichen) Gedeihens trotz der Belastungen einen Beitrag zur Fragestellung leisten zu können.

Um die Anonymität der Gesprächspartner zu gewährleisten, wurden die Daten teilweise in Details verändert, ohne dass dabei allerdings Sinnzusammenhänge verloren gegangen wären.

7.1.1 HI: „mit dem Motorrad zerlegt"

Herr I. ist zum Zeitpunkt des Gesprächs 37 Jahre alt, ausgebildet als Sozialwissenschaftler, angestellt als Personalberater.

Er war in der Vorbereitung auf ein Sport- und Lehramtsstudium, als er nach einem Motorradunfall, an dem kein Unfallgegner beteiligt war, mit schweren Verletzungen ins Krankenhaus eingeliefert wurde.

„Von einem Tag auf den anderen war nichts mehr so, wie es eigentlich war."

Es folgte eine lange und schwierige Phase der Behandlung im Krankenhaus und der Rehabilitation. Trotzdem blieben als Folge des Unfalls ein gelähmter Arm und zahlreiche orthopädische Beschwerden, die zu Dauerschmerz führten, zurück. Nach dem Unfall nahm Herr I. zum frühestmöglichen Zeitpunkt sein Studium wieder auf, orientierte sich dann aber nach einem Semester nochmals um und wechselte das Studienfach in Richtung Sozialwissenschaften.

Im Blick auf berufliche Aspekte sagt er im Rückblick:

„Wenn ich eine Tendenz festlegen müsste, würde ich sagen, dass mich der Unfall in dieser Hinsicht eher noch vorwärts gebracht hat."

Verdichtungsprotokoll (Auszüge)	*personengebundene Aussage*	*generalisierende Aussage zur Fragestellung*
Der Unfall, und alles ist anders „Und, ja, irgendwann hat es mich halt eines Nachts mit dem Motorrad zerlegt. Ohne Gegner, ohne alles. Von einem Tag auf den anderen war nichts mehr so, wie es eigentlich war."	Der Unfall veränderte das Leben schlagartig.	

Nach dem Unfall: Die Erkenntnis, reparierbar und gleichzeitig kaputtbar zu sein Einer der ersten Gedanken, der Herrn I. nach dem Unfall kommt: „man repariert mich." Gleichzeitig macht er die Erfahrung, verletzlich, kaputtbar zu sein, den Tod vor Augen zu haben. Diese Erfahrung beschäftigt ihn vor allem auch rückblickend. „Für mich ist es eine allgemein gültige Erfahrung, dass der Mensch denkt, er ist unkaputtbar. Bis er merkt, dass er kaputtbar ist. Das ist genau wie mit dem Tod: man weiß, dass man stirbt, aber man weiß es eigentlich nicht wirklich."	Herr I. ging anfangs davon aus, wieder reparierbar zu sein. Im Gegensatz dazu stand die Erfahrung, kaputtbar und dem Tod nahe zu sein.	Es kann eine Hoffnung geben, reparierbar zu sein, die in der Krise enttäuscht wird. Damit umzugehen, kann eine Herausforderung sein.
Das Risiko gehört zum Leben Trotzdem ist es für Herrn I. im Rückblick in Ordnung, dass er sich zunächst für unkaputtbar hält und nicht ständig Angst vor Unfällen hat. „…ich denke, der Mensch geht kein Risiko ein, wenn er immer vor Augen hat, was alles passieren kann, gerade wenn es um das Leben geht. Du darfst ja kein Auto fahren, wenn du weißt, dass etwas passieren kann. Dann brauchst du auch einen gesunden Mechanismus, der dich davon überzeugt, dass es trotzdem geht."	Herr I. geht davon aus, dass es ein gesunder Mechanismus ist, dass der Mensch bereit ist, auch Risiken einzugehen.	Trotz schwieriger Erfahrungen mit dem Risiko ist es möglich, Risikobereitschaft als zum Leben gehörend zu begreifen.
In der Krise: nicht mehr leben wollen und die Frage nach dem Warum „Mir ging es in der ersten Woche nach dem Unfall im Krankenhaus eigentlich so schlecht, dass das Leben für mich nicht mehr lebenswert war. Dass ich aber aufgrund meines Zustands nicht einmal mehr die Möglichkeit hatte, mich umzubringen. Ich habe Nächte gehabt, wo ich einfach nur gedacht habe, warum?"	Herr I. kennt aus der ersten Phase nach dem Unfall die Frage nach dem Warum und auch den Wunsch, nicht mehr zu leben.	Eine Phase des Nicht-Mehr-Leben-Wollens kann Teil des Verarbeitungsprozesses sein, ebenso die Auseinandersetzung mit dem „Warum?"
Das Schlimmste am Tiefschlag Herr I. beschreibt zusammenfassend die Phase nach dem Unfall als Tiefschlag, der an der Grenze dessen war, was er hätte verdauen können. Auf	Die größte Herausforderung für Herrn I. bestand darin, die Schmerzen zu verarbeiten	Die Verarbeitung von Schmerzen und der Erkenntnis, dass nicht alles reparierbar

7.1 Die Gesprächspartner

Nachfrage, was das Schlimmste am Tiefschlag war, antwortet er: „Am Anfang waren die Schmerzen das Allerschlimmste, nicht der emotionale Teil. Der andere Tiefschlag war, dass du den Glauben verlierst, reparierbar zu sein."	und zu erleben, dass nicht alles reparierbar ist.	ist, kann Teil des Bewältigungsprozesses sein.
Keine Suche nach dem Schuldigen, sondern Schicksal, das zum Leben gehört Zu den Verdachtsmomenten, dass der Unfall aufgrund einer Manipulation an den Reifen seines Motorrads zustande gekommen sein könnte, sagt Herr I.: „Das hat mich nicht wirklich interessiert. Meine Eltern haben die Polizei eingeschaltet, aber mich hat es nie richtig interessiert. Ich musste schauen, wie ich mit mir klar komme. Ich sehe das eher als Schicksal. Ich sehe es auch als etwas Positives. (...) Das ist Teil von mir. Und ohne diesen Teil wäre ich ein ganz anderer, den ich jetzt nicht mehr kennen würde. Und ich weiß ja nicht, was die Alternative wäre, vielleicht wäre die ganz schlecht gewesen." „Auch jetzt mit den Kids, mit meiner Tochter, da kannst du auch nicht all das machen, was man mit zwei Händen machen kann. Und das wird sie auch so nicht von ihrem Papa kennen lernen. Aber sie kennt andere Dinge von ihrem Papa. Sie weiß, wie man anders mit bestimmten Dingen umgeht, und sie weiß, dass man bestimmte Dinge erreichen kann, wenn man nur will – fast alles."	Im Rückblick sieht Herr I. seinen Unfall als Schicksal, das in Ordnung und Teil seines Lebens ist.	Es kann hilfreich sein, die Krise als Schicksal zu begreifen.
Neuorientierung Aufgrund der Behinderung war das zuvor geplante Sportstudium nicht mehr möglich. Eine andere Orientierung war notwendig. „Ich erlebe, dass sich Menschen sehr definieren über das, was sie tun, nicht über das, was sie denken. Und auch ich habe mich sehr identifiziert über das, was ich tat, über den Sport und das Motorradfahren. (...) Dann musste ich mir etwas Neues suchen, worüber ich mich identifiziere."	Aufgrund der Behinderung war eine Neuorientierung im Studium notwendig, und Herr I. wählte dazu Fachbereiche, mit denen er sich identifizieren konnte.	Die Krise kann eine berufliche Neuorientierung notwendig machen. Diese kann leichter fallen, wenn eine Identifikation mit der neuen Tätigkeit möglich ist.

Eingebettet in das große Ganze Mit einer gewissen Gelassenheit spricht Herr I. davon, dass er nicht alles im Leben beeinflussen kann und sich in ein großes Ganzes eingebettet weiß. „Es gibt Faktoren, die wirst du nie im Leben beeinflussen können. (…) Ich fühle mich eingebettet in etwas Gesamtes. Und ich spüre ja auch Menschen. Ich spüre eine Gesamtheit von Menschen, man könnte auch von einem Kollektiv oder einem kollektiven Unterbewusstsein sprechen. (…) Und ich spüre, dass das Ganze einfach so richtig ist. Ich glaube, dass es eigentlich nichts Schlechtes gibt."	Herr I. erlebt sich eingebettet in ein großes Ganzes, in dem die Dinge so gut sind, wie sie sind. Er hat dadurch keine Angst vor der Zukunft. Er ist überzeugt, dass es nichts an sich Schlechtes gibt, dass Schlechtes nur als solches definiert wird.	Das Wissen um das Eingebettetsein in ein großes Ganzes kann beruhigend sein und Sicherheit geben. Es ist möglich, die eigenen Gedanken so auf das Gute auszurichten, dass Negatives dabei keinen Raum hat.
Unterstützende Wirkung des Sports Rückblickend zieht Herr I. Vergleiche zum Sport, berichtet vom Überschreiten von Grenzen und dem Überwinden von Angst. „Oft sind es Sportler, die so etwas wie ich überleben und gut darüber hinweg kommen. Menschen, die die Sache angehen und auch weitermachen, haben vorher oft Sport getrieben. So ist das auch bei mir."	Der bereits vor der Krise ausgeübte Sport half Herrn I. vor allem in mentaler Hinsicht, die in der Krise auftauchenden Grenzen zu überwinden.	Sport kann eine wichtige Ressource beim Bewältigen einer Krise sein.
Zusammenfassend: Glück im Leben und aktive Gestaltung Zusammenfassend beschreibt Herr I. das Glück, das ihm in seinem Leben widerfuhr, aber auch gleichzeitig seine ganz aktive Entscheidung, die Dinge ganz anzugehen. „Vielleicht habe ich auch einfach Glück mit meinen Ansichten oder mit meinem Arrangement. (…) Ich denke schon, dass ich auch etwas Glück hatte in meinem Leben, dass das alles so gekommen ist." „Du musst irgendwann die Entscheidung treffen, ob du ganz scheiterst oder ob du es ganz angehst. Vielleicht gibt es irgendwann einmal keine Grauzone, sondern nur ein Ja oder ein Nein. Und dann kommt es auf die Möglichkeiten an, die du hast, etwas daraus zu machen."	Herr I. empfindet, dass sein Leben trotz des Unfalls viel Glück bereithielt. Zusammenfassend ist ihm wichtig, dass es zum Gedeihen einer bewussten Entscheidung bedarf, die Themen des Lebens gründlich anzupacken.	Das Ergebnis einer Krisenbewältigung kann darin bestehen, das Glück als im Leben überwiegend zu erleben. Das Entwicklungsergebnis kann durch bewusste Entscheidungen und durch das Arbeiten an grundsätzlichen Lebensthemen positiv beeinflusst werden.

Tabelle 2: Verdichtungsprotokoll HI (Auszüge)

7.1.2 ST: „Schlaganfall"

Herr T. war zum Zeitpunkt des Gesprächs 52 Jahre alt, er ist Diplompädagoge und arbeitet als angestellter Therapeut. In einer Phase großen beruflichen Engagements und Erfolgs erlitt Herr T. im Sommer 2006 einen Schlaganfall, dessen Folgen ihn heute noch in verschiedener Hinsicht beeinträchtigen.

„Ich weiß im Nachhinein, dass es zwei Tage lang um Leben und Tod ging"
Es folgte eine Zeit der klinischen Behandlung und der Rehabilitation. Auch heute leidet Herr T. noch an den Folgen des Schlaganfalls, manche Körperfunktionen sind verlangsamt und ermüden schnell, die linke Körperseite ist noch leicht verkrampft.

Seinen beruflichen Wiedereinstieg machte Herr T. stufenweise, jedoch vergleichsweise schnell. Allerdings gab er die Leitungsposition, die er zuvor inne hatte, ab und stimmt seinen Arbeitsrhythmus heute auf seine körperlichen Bedürfnisse ab.

Als neues Lebensziel, das der durchaus auch mit seiner Arbeit verbinden kann, hat Herr T. entdeckt:

„Ich möchte gerne gezielt diesen inneren Frieden erreichen. (…) Ich versuche, immer bewusst in der Situation zu sein, in der ich bin, also ganz bewusst zu leben."

Verdichtungsprotokoll (Auszüge)	*Personengebundene Aussage*	*generalisierende Aussage zur Fragestellung*
Den Ernst der Lage heruntergespielt Sowohl während des Schlaganfalls als auch in den Wochen danach fiel es Herrn T. schwer, das Ausmaß seiner Erkrankung zu erkennen, er spielte es herunter. „Ich weiß im Nachhinein, dass es zwei Tage lang um Leben und Tod ging. (…) Ich habe das nicht gecheckt, obwohl ich nicht im Koma lag. (…) Emotional war über Tage, vielleicht sogar zwei Wochen, keinerlei Berührung da."	Zum Beginn der Krise nahm Herr T. das Ausmaß und den Ernst der Erkrankung nicht wahr.	Es kann sein, dass die betroffene Person anfangs das Ausmaß und den Ernst der Krise nicht wahrnimmt.

Glück Immer wieder und an verschiedenen Stellen des Gesprächs erwähnt Herr T., dass er trotz aller schwierigen Situationen Glück hatte. „Damit hatte ich richtig Glück, denn ich hatte die Blutung an einer sehr seltenen Stelle, es hätte auch noch viel schlimmer sein können." „Ich hatte sicherlich auch Glück mit fast allen Ärzten und Pflegern."	Herr T. beschreibt seine eigene Situation trotz der Erkrankung in vielerlei Hinsicht als glücklich, er hatte trotz allem Glück.	Es ist möglich, im Nachhinein trotz der Krise auch Glück zu empfinden.
Erarbeiten contra Dasein Herr T. berichtet von der Spannung zwischen Dasein und Erarbeiten. Früher stand das Erarbeiten im Vordergrund, heute aber nicht mehr. „Man darf auf der Welt sein, wenn man sich das erarbeitet. Alleine nur da sein reicht eben nicht. Ich sage das so ausführlich, weil Sie eine Veränderung ansprachen. Das hat damit zu tun. Meine Existenz beruhte auf meinem Schaffen."	Herr T. erlebt eine grundsätzliche Veränderung in der Wahrnehmung seines Lebens: während er sich früher über sein Schaffen definierte, zählt für ihn heute das Dasein.	Es ist möglich, durch die Krise zu einer grundsätzlichen Neuorientierung und neuen Wahrnehmung des eigenen Lebens zu gelangen.
Depressive Verstimmungen Herr T. erhielt in der Anfangsphase Antidepressiva – deklariert als Schlafmittel. Hintergrund waren depressive Verstimmungen. „Irgendwann traten natürlich auch die depressiven Verstimmungen ein. Mir war irgendwann klar, was ich alles nicht mehr kann, Dinge die ich gerne tue wie Fahrradfahren oder Schwimmen. Da kamen natürlich auch Ängste wegen meiner Frau. Es gab eine schwarze Zeit, in der ich mich nur als nutzlosen Krüppel gesehen habe."	Herr T. kennt aus der ersten Phase der Krise auch depressive Verstimmungen und Ängste um die Zukunft.	In der ersten Phase der Krise und des Verarbeitungsprozesses können depressive Verstimmungen auftreten. Ängste können während des Verarbeitungsprozesses auftreten.
Macher, Kämpfer, Grundoptimismus Herr T. beschreibt sich an verschiedenen Stellen als Macher und als Kämpfer. Er sieht darin hilfreiche Aspekte, aber auch kritische. „Ich war immer schon so eine Art Macher, so ein Kämpfer. Ich denke im Nachhinein, ich habe auch an Stellen gekämpft, an denen es unnötig oder vielleicht sogar verkehrt war. Aber dieses Kämpfertum ist in gewisser Weise geblieben, ich habe mich nie aufgegeben. Ich hatte immer einen Grundoptimismus, dass es irgendwie wei-	Herr T. erlebte als hilfreich, dass er schon immer ein Macher und Kämpfer war. Das führte zu einem überdurchschnittlich schnellen Verlauf des Genesungsprozesses. Auch die Überzeugung, dass es	Der Genesungsprozess kann beschleunigt werden, wenn die betroffene Person gewohnt ist, Macher und Kämpfer zu sein. Die Überzeugung, dass es immer eine Lösung gibt, kann in

7.1 Die Gesprächspartner

tergeht. Und da war das Kämpfertum gut." „Durch das Kämpfen hatte ich dann aber einen Genesungsprozess, der überdurchschnittlich schnell verlief."	immer eine Lösung gibt, half ihm ihn der Krise.	der Krise hilfreich sein.
Hilfe annehmen Nach dem Schlaganfall musste Herr T. die Bereitschaft entwickeln, Hilfe anzunehmen, was ihm zuvor nicht leicht gefallen war. „*Ich hatte früher sehr große Schwierigkeiten Hilfe anzunehmen, ich war immer der, der gerne geholfen hat. Das musste ich lernen. Das war nicht leicht, aber es war eine gute Sache. (...) Also, ich habe gelernt, mir helfen zu lassen.*"	Um voran zu kommen, musste Herr T. lernen, Hilfe von anderen anzunehmen.	Wer vor der Krise nicht gewohnt war, Hilfe anzunehmen, kann das in der Krise lernen. Es ist hilfreich, in der Krise Hilfe anzunehmen.
Unterstützung durch Familie, Freunde, Arbeitgeber Freunde, Familie und Arbeitgeber spielten in verschiedenen Dimensionen des Gesundungs- und Rehabilitationsprozesses eine wesentliche Rolle. „Meine tolle Frau und Tochter und mein toller Freundeskreis, das war eine wahnsinnige Unterstützung. Und, was mich überrascht hat, auch der Arbeitgeber und die ganze Kollegenschaft waren toll. Sie haben mich, als ich mich total zurückgezogen hatte, in Ruhe gelassen. Dann stückchenweise, als es okay war, kamen sie, auch mein Geschäftsführer. Das war eine optimale Begleitung. Alles, was ich mir gewünscht habe, habe ich letztendlich bekommen."	Herr T. erlebte es als förderlich, intensive Unterstützung von seiner Frau, seiner Familie, seinem Freundeskreis und seinem Arbeitgeber erhalten zu haben.	Hilfe und Unterstützung vom Lebenspartner, der Familie, von Freunden und dem Arbeitgeber kann das Gedeihen fördern.
Sozialleistungsträger nur bedingte Hilfe Die Zusammenarbeit mit Sozialleistungsträgern beschreibt Herr T. zwar als formal korrekt, aber sehr aufwändig und letztlich nur bedingt hilfreich. „Alleine der Verwaltungsaufwand, den ich für die Krankenkasse leisten musste, das wäre ohne Frau und Freundeskreis nicht möglich gewesen. (...) Alles, was ich an Unterstützung im Büro habe, habe ich mir selber besorgt oder von meiner Familie, Freunden oder meinem Arbeitgeber bekommen, ohne dass die Rentenversicherung etwas bezahlt hätte."	Herr T. erlebte die Sozialleistungsträger nur bedingt als hilfreich, die wesentlichen Elemente der Unterstützung besorgte er sich selbstständig.	Die Angebote der Sozialleistungsträger werden nur eingeschränkt als hilfreich wahrgenommen.

Ziel: Tiefer Friede und Bewusstheit Als neues Lebensziel hat Herr T. den inneren Frieden und das bewusste Leben entdeckt. „Es gab durch diesen Schlaganfall drei besondere Situationen, die ich noch im Rollstuhl erlebt habe. Ich saß da nur so da und schaute aus dem Fenster, und da stellte sich mit einem Mal ein tiefer Friede ein. Ich musste überhaupt nichts tun. Ich hatte nur das Gefühl, ich bin einfach auf der Welt und es ist in Ordnung. Und es war ein ganz tiefer Frieden, eine absolute Gedankenfreiheit. (...) Ich möchte gerne gezielt diesen inneren Frieden erreichen. Ich habe mit meiner Frau zusammen angefangen, uns intensiver damit zu befassen. (...) Ich versuche, immer bewusst in der Situation zu sein, in der ich bin.."	Herr T. hat für sich als neues Lebensziel definiert, inneren Frieden und bewusstes Leben zu erreichen und erhalten.	Die Krise kann zu einer Neudefinition des eigenen Lebensziels führen.
Ämter und Funktionen nicht mehr wichtig Im Gegensatz zu früher haben Ämter und Funktionen für Herrn T. keine so große Bedeutung mehr. „Dann dieses Etwas-bewegen-wollen, eine gewisse Wichtigkeit haben – das ist mir alles unwichtig geworden. Wenn man so will, ist das auch ein positiver Aspekt der Erkrankung. (...) Wenn man so will, ist das etwas Positives an der Erkrankung, dass ich keine Ämter und Funktionen mehr brauche."	Herr T. erlebt es als positiven Aspekt seiner Krise, dass ihm das mit seinen beruflichen Funktionen verbundene Prestige nicht mehr wichtig ist.	Die Neuorientierung nach der Krise kann auch dazu führen, dass bestimmte berufliche Aspekte nicht mehr als wichtig empfunden werden.
Kontaktfähigkeit und Selbstorganisation hilfreich Auf Nachfrage, welche weiteren Eigenschaften Herr T. für sich als hilfreich erlebt hat, nennt er seine Selbstorganisation und Kontaktfähigkeit. „Es war gut, dass ich vorher schon sehr selbstorganisiert war, und dass ich gut den Kontakt zu anderen Menschen aufnehmen konnte. Das hat mir bei allen Erkrankungen geholfen."	Herr T. erlebte es als hilfreich, dass er generell gut Kontakt zu anderen Menschen aufnehmen kann und insgesamt auch gut selbstorganisiert ist.	Kontaktfähigkeit und Selbstorganisation können zwei hilfreiche Faktoren bei der Bewältigung der Krise sein.

Tabelle 3: Verdichtungsprotokoll ST (Auszüge)

7.1.3 UL: „Schlaganfall"

Herr L. war zum Zeitpunkt des Gesprächs 41 Jahre alt. Als fliegender Luftwaffenoffizier war er überwiegend an Bord von Kampfflugzeugen eingesetzt. Im November 2006 erlitt er nach einer Phase intensiven Arbeitens einen Schlaganfall.

„In diesem Moment war mir eigentlich schon klar, was das ist. (…) Schlaganfall."

Von dem Schlaganfall erholte sich Herr L. sehr gut, so dass nach einigen Monaten keine Folgen mehr nachweisbar waren. Er änderte bestimmte Lebensgewohnheiten, um einem zweiten Schlaganfall vorzubeugen. Aufgrund militärischer Bestimmungen war es ihm aber zunächst nicht mehr erlaubt, ein Flugzeug zu betreten. Darunter litt er, und auch nach einem Jahr war unklar, wo er eingesetzt werden würde.

Rückblickend sagt Herr L.:

„Insgesamt kann man also sagen: okay, du kannst entweder so weitermachen und dann ist der nächste Schlaganfall wahrscheinlich vorprogrammiert (…). Oder man ändert etwas: weniger Kaffee, Zigaretten bleiben lassen, und Stress – ich nie mehr. Ich denke, so kann man ganz gut klar kommen."

Einige Wochen nach dem Gespräch erhielt Herr L. die Erlaubnis, doch wieder an Bord eines militärischen Flugzeugs arbeiten zu dürfen.

Verdichtungsprotokoll (Auszüge)	*personengebundene Aussage*	*generalisierende Aussage zur Fragestellung*
Aus heiterem Himmel getroffen Herr L. kann sich nicht erinnern zuvor jemals krank gewesen zu sein. „Ja, wie hat mich das getroffen? Aus heiterem Himmel!. (…) Ich fühlte mich in hervorragender Konstitution." Allerdings, bei genauem Betrachten, gab es doch Vorwarnzeichen: „Meine Frau sagte allerdings: wenn man mal überlegt, wie viele Stunden du teilweise gemacht hast (…) Man hat dir das angemerkt, du warst unruhig. Ich selber habe das überhaupt nicht gemerkt."	Die Erkrankung traf Herrn L. wie aus heiterem Himmel. Im Nachhinein kann er allerdings erkennen, dass es doch Frühwarnzeichen gab.	Es ist möglich, in der Verarbeitung der Krankheit im Rückblick auch Frühwarnzeichen zu erkennen.

Auslösende Faktoren, „Stress habe ich nicht" Im Gespräch kommt Herr L. immer wieder auf die auslösenden Faktoren zurück, die ihm von den Ärzten genannt wurden. Die Faktoren Kaffee und Zigaretten waren ihm gut nachvollziehbar, der Faktor Stress anfangs eher nicht. „Als auslösende Faktoren fand man heraus: Kaffee, Zigaretten, Stress. Das habe ich natürlich nicht so gesehen. Gut, Kaffee und Zigaretten, das musste ich zugeben, natürlich. Aber Stress? Ich habe keinen Stress. Das ist wahrscheinlich eine mentale Sache: ich bin ein Mann, Stress haben andere, das Burnout-Syndrom ist etwas für Weicheier. Vielleicht ist das auch eine Erziehungssache, ich weiß es nicht. Aber so bin ich im Allgemeinen damit umgegangen.."	Es war für Herrn L. wichtig, die Krankheit auslösende Faktoren zu identifizieren. Es war für Herrn L. schwer, den Faktor Stress als Auslösefaktor anzunehmen, denn dieser passte nicht in sein Selbstbild.	Es kann im Verarbeitungsprozess hilfreich sein, die Krankheit auslösende Faktoren zu identifizieren.
Veränderter Umgang mit Stress und den auslösenden Faktoren Herr L. beschreibt Veränderungen in seinem Verhalten und seiner Einstellung. Stress begegnet er in erster Linie mit einer „Egal"-Haltung. „(...) und man hat dann natürlich so einiges geändert im Blick auf den weiteren Lebenswandel. Noch mal zu den auslösenden Faktoren Kaffee, Zigaretten, Stress. Zigaretten habe sein lassen, Kaffee habe ich eingeschränkt und Stress habe ich nicht mehr. Ich habe das am Anfang in unserer Staffel auch gesagt: Jeden Tag wird die Liste der Leute, die mich am Arsch lecken können, größer. Das ist mein völliger Ernst." „Ich mache mir keinen Stress mehr, das gibt es überhaupt nicht. Ich gehe hier normalerweise 4 bis 5 Mal die Woche zum Sport. (...) Man lässt mich auch in Ruhe, jeder lässt mich ja gewähren. Das ist auf der einen Seite ein relativ angenehmes Leben." „Jetzt muss ich sagen, dass ich mich nicht mehr aufrege. Mich kann auch keiner mehr ärgern, das funktioniert einfach nicht."	Herr L. hat seinen Lebensstil so verändert, dass er möglichst wenig krankheitsauslösende Faktoren beinhaltet. Herr L. betreibt nach der Erkrankung wieder viel Sport und erlebt das als hilfreich. Es ist hilfreich für Herrn L., dass er die Zeit an seinem Arbeitsplatz recht frei einteilen kann und auch Zeiten für sich nutzen kann. Herr L. geht nach seiner Erkrankung gelassener mit Stress auslösenden Situationen um.	Das Wissen, dass das eigene Verhalten Einfluss auf eine erneute Krankheitsauslösung haben kann, kann zu einem veränderten Lebensstil führen. Sport kann hilfreich als Ausgleich sein. Es kann hilfreich sein, ausreichende Freiheiten zur eigenen Zeitgestaltung und inhaltlichen Gestaltung am Arbeitsplatz zu haben. Die Verarbeitung der Situation kann zu mehr Gelassenheit führen.

7.1 Die Gesprächspartner

Zwischen Sicherheit und Unsicherheit, Zufriedenheit und Unzufriedenheit An vielen Stellen thematisiert Herr L., dass er froh ist um die Sicherheit als Berufssoldat und den Rückhalt, den er hat. Auf der anderen Seite berichtet er auch von der Unsicherheit nicht zu wissen, ob seine Wünsche jemals wieder erfüllt werden. „So böse sich das auch anhört, was kann mir denn passieren? Ich bin Berufssoldat, ich habe noch 15 Jahre Dienst. Auf der anderen Seite steht natürlich die Ungewissheit, was kommt. Was geschieht, wenn WWW sagt: nein, Fliegen geht nicht? Was kommt dann? Ich bin verheiratet, habe drei Kinder, wohne hier in der Nähe. Was geschieht, wenn ich nicht mehr fliegen kann? Kann ich dann hier bleiben? Eher nicht. (...) Was bliebe dann? Ein Bürojob? Das ist nichts für mich! Das hasse ich. Ich bin ein Praktiker. Andererseits kann man mich nicht entlassen, irgendetwas wird man für mich finden. Insofern brauche ich keine Angst um meine Existenz zu haben (...) Mein Einkommen werde ich weiterhin haben. Eine andere Sache ist natürlich, ob die Berufszufriedenheit da ist. Das weiß ich nicht."	Es gibt Herrn L. Sicherheit und Gelassenheit, dass er bei einem Arbeitgeber beschäftigt ist, der eine hohe Arbeitsplatzsicherheit garantiert. Die Zeit, in der Herr L. nicht seiner Wunschtätigkeit nachgehen kann, erlebt er als nicht sehr befriedigend. Schwierig ist für Herrn L. der Umgang mit der Ungewissheit, dass er nicht weiß, wo er mittelfristig zum Einsatz kommen kann.	Das Wissen um die Sicherheit des eigenen Arbeitsplatzes und die finanzielle Absicherung kann zur Gelassenheit und auch zum Gedeihen beitragen. Phasen, in denen die weitere Verwendung am Arbeitsplatz in Frage gestellt ist, können als wenig befriedigend erlebt werden.
Rückhalt und Mitdenken in der Staffel Herr L. erlebt seine Staffel, seine Kameraden und seine Familie als eine große Unterstützung. „Ansonsten muss ich sagen, dass ich hier in der Staffel einen ganz guten Rückhalt habe. „Auf alle Fälle hat meine Staffel schon alles geplant."	Die Unterstützung durch Vorgesetzte und Kollegen erlebt Herr L. als sehr positiv.	Es kann hilfreich sein, Unterstützung durch Vorgesetzte und Kollegen zu erhalten.
Nicht mehr leben wollen Andererseits beschreibt Herr L., dass er direkt nach dem Schlaganfall nicht mehr leben wollte. „Im Rückblick muss ich sagen, dass ich in den ersten 24 Stunden am liebsten gestorben wäre. (...) Das hat mich so herausgerissen, das war ganz unverständlich, damit konnte ich im ersten Moment nicht umgehen."	Herr L. erlebte in der akuten Phase seiner Erkrankung ein Stimmungstief, so dass er nicht mehr leben wollte.	Es kann Teil des Verarbeitungsprozesses sein, eine Phase des Nicht-Mehr-Leben-Wollens zu erleben.

Was half? Auf die Frage, was Herrn L. half, so schnell wieder an seinen Arbeitsplatz zurückzukehren, nennt er: schnelle Hilfe, nicht hängen lassen, Augen zu und durch, Hoffnung durch die Ärzte. „In erster Linie hat da sicher die schnelle Hilfe eine Rolle gespielt." „Danach: Augen zu und durch. (...)" „Die Ärzte haben mir immer Hoffnung gemacht, dass dann auch noch der Rest besser wird. Zum Glück haben sie recht behalten."	Es half Herrn L., dass die Ärzte ihm Hoffnung auf Genesung machten und damit auch recht behielten. Während seiner Genesung arbeitete Herr L. hart an sich selbst, um die körperlichen Funktionen wiederzuerlangen.	Es kann hilfreich sein, von Ärzten realistische Hoffnung auf Genesung vermittelt zu bekommen. Es kann zum Gedeihen beitragen, intensiv und zielstrebig an der Wiederherstellung der eigenen körperlichen Kräfte zu arbeiten.
Die wichtige Rolle der Ehefrau „Ich habe auch von meiner Familie her Rückhalt." „Meine Frau hat mich schon sehr bestärkt darin, dass das so weit wieder in Ordnung kommt, vor allem im Blick auf die körperlichen Aspekte, die Motorik, etc. Aber sie sagte auch immer: denke in erster Linie an dich und an uns. (...) „Meine Frau sagte: Entweder es klappt oder auch nicht, und dann ist es auch gut, die Welt geht davon nicht unter. Sie gibt mir dann auch immer den dezenten Hinweis, dass ich ja in der Reha gesehen habe, wie so etwas ausgehen kann und ich solle froh sein, dass es so ausgegangen ist."	Herrn L.s Ehefrau spielte bei der Genesung eine wesentliche Rolle. Herr L. übernahm von seiner Frau die Einstellung, dass auch ein Leben ohne die Wunschtätigkeit lebenswert ist.	Der Lebenspartner kann eine wichtige Rolle bei der Genesung spielen. Der Lebenspartner kann Einfluss auf die Lebenseinstellung des Betroffenen nehmen.
Zusammenfassung: Konsequenzen Zusammenfassend berichtet Herr L. nochmals, welche Konsequenzen er gezogen hat: „Nikotin, Koffein, Stress, daran hat man es fest gemacht. Insgesamt kann man also sagen: okay, du kannst entweder so weitermachen und dann ist der nächste Schlaganfall wahrscheinlich vorprogrammiert, dann fällt man wahrscheinlich doch in diese Statistik der 10% innerhalb des ersten Jahres. Oder man ändert etwas: weniger Kaffee, Zigaretten bleiben lassen, und Stress – ich nie mehr. Ich denke, so kann man ganz gut klar kommen."	Es ist Herrn L. sehr wichtig, künftig sein Leben so zu gestalten, dass die krankheitsauslösenden Faktoren keinen Einfluss mehr nehmen können.	Ein Ergebnis des Verarbeitungsprozesses kann sein, das Leben so umzustellen, dass krankheitsauslösende Faktoren künftig reduziert werden.

Tabelle 4: Verdichtungsprotokoll UL (Auszüge)

7.1 Die Gesprächspartner

7.1.4 EX: „Ich hatte einen Motorradunfall"

Herr X. war zum Zeitpunkt des Gesprächs 34 Jahre alt. Als fliegender Waffeneinsatzoffizier konnte er seinen Lebenstraum des Fliegens umsetzen. Dieser Traum stand nach einem unverschuldeten, schweren Motorradunfall, den er im Alter von 33 Jahren erlitt, in Frage:

„Dabei kam es zu einer Fußamputation und Milzruptur. Letzten Endes waren die Verletzungen schon relativ heftig."

Trotz der Fußamputation und der damit verbundenen Behinderung verfolgte Herr X. sein Ziel, wieder zu fliegen, mit großer Hartnäckigkeit. Dabei half ihm auch seine Lebensgefährtin, die er im Krankenhaus kennen lernte. Dank einer Spezialprothese konnte er ein Jahr nach dem Unfall dann wieder in einem Flugzeug eingesetzt werden. Im Blick auf sein hoch gestecktes berufliches Ziel trotz der Behinderung sagt Herr X. abschließend:

„Man kann es erreichen. Man kann auch verlieren. Man muss das verlorene Spiel dann eben so auslegen, dass es als Unentschieden endet."

Verdichtungsprotokoll (Auszüge)	*personengebundene Aussage*	*generalisierende Aussage zur Fragestellung*
Kameradliche Gemeinschaft als Bett Herr X. betont zum Beginn des Gesprächs den kameradschaftlichen Zusammenhalt und die Ausnahmesituation der besonderen Rahmenbedingungen im Nato-Verband. „Hier trifft die soldatische Gemeinschaft doch noch zu, egal wie viel Augenkratzen und Messerstechen sonst bei uns stattfindet. Der kameradschaftliche Zusammenhalt ist immer noch da. (…) Ich habe hier im Nato-Verband eine Art Bett, in das ich mich fallen lassen kann." „Hier sind wir beruflich und bei Einsätzen auch privat immer zusammen. Man braucht auf alle Fälle einen Freundeskreis oder ein ähnliches Umfeld, das einen abfedert."	Der kollegiale und kameradschaftliche Zusammenhalt im Verband ist für Herrn X. eine besonders wichtige Voraussetzung für die Bewältigung seiner Situation.	Kollegen und Kameraden können bei der Bewältigung einer gesundheitlichen Krise intensiven Halt geben.

Bescheidene Situation – und wieder fliegen wollen Herr X. war sich nach dem Unfall seiner Einschränkungen bewusst, hatte aber trotzdem das Ziel des Fliegens vor Augen. „Ich wusste, dass die Situation für mich äußerst bescheiden ist, gerade auch wegen der Fußamputation. Letzten Endes sagte ich aber von Beginn an, egal, dafür gibt es technische Hilfsmittel. Ich muss nur wieder fliegen können. Das war mit eines der ersten Dinge, die ich sagte, nachdem ich aus dem Koma aufgewacht war. (…) Sicher dachten sie, ich sei nicht ganz dicht, ich könne doch froh sein, wenn ich überhaupt noch rauskomme aus dem Krankenhaus."	Obwohl die körperlichen Einschränkungen ihn eigentlich untauglich für die weitere Ausübung seines Berufs machten, hatte sich Herr X. sehr schnell das Ziel gesetzt, genau diesen Beruf wieder auszuüben.	Das berufliche Ziel kann auch in einer schweren gesundheitlichen Krise als erstrebenswert erkannt werden.
Das kann jedem passieren Seinen Umgang mit der Tatsache des Unfalls schildert Herr X. so: „Ich lag auf der Intensivstation, es war eine Bullenhitze, draußen liefen die Leute in kurzen Hosen, Röcken, T-Shirts herum, und ich dachte: viel zu schönes Wetter, man könnte Motorrad fahren anstatt hier zu liegen. (…) Das war bei meinen Eltern allerdings nicht sehr willkommen (lacht), dass ich Motorrad fahren möchte, aber ein Unfall kann ja jedem passieren."	An seinem Unfall gibt Herr X. keiner Person speziell die Schuld, auch nicht sich selbst.	Es kann bei der Bewältigung eines Unfalls hilfreich sein, das Verschulden keiner Person direkt zuzuschreiben.
Warum habe ich überlebt? Angesichts der Schicksale, die Herr X. im Krankenhaus erlebt, stellt er sich die Frage: „Warum bist du denn jetzt eigentlich da durch gekommen? (…) Warum hast du das überlebt und warum ist der tot?"	Herr X. empfindet es als etwas Besonderes, dass er den schweren Schicksalsschlag überlebt hat.	Es kann sein, dass es als wertvoll empfunden wird, dass man die Krise überlebt hat.
Auseinandersetzung mit der Behinderung schon vor dem Unfall Herr X. hatte sich schon vor dem Unfall mit dem Verlust von Gliedmaßen beschäftigt. „Sie können jeden Tag irgendwelche Gliedmaßen, Ihr Leben oder sonst etwas verlieren. Oder, noch schlimmer, Sachen, die man nicht durch Technik ausgleichen kann. Man beschäftigt sich damit. (…) Sie bekommen ja immer wieder Bilder gezeigt,	Schon vor dem Unfall hatte sich Herr X. innerlich mit einem möglichen körperlichen Handicap auseinander gesetzt und an Beispielen gesehen, dass eine Fortsetzung der	Es kann hilfreich sein, sich schon vor der Krise mit gesundheitlichen Einschränkungen auseinander gesetzt zu haben.

7.1 Die Gesprächspartner

haben die medizinischen Kurse als Sanitätshelfer etc. Bei der US-Airfoce beispielswiese werden immer die Soldaten des Monats vorgestellt, die zum Beispiel irgendwelche Gliedmaßen verloren haben und trotzdem im Einsatz sind."	Tätigkeit trotz eines Handicaps möglich ist.		
Freundin S. Herr X. lernte im Krankenhaus die Krankenschwester S. kennen, die dann seine Lebensgefährtin wurde und im Heilungs- und Integrationsprozess eine wichtige Rolle spielte. „Das war auch einer der Eckpfeiler, die mich wieder zurückgebracht haben in den Beruf, meine Freundin dort, die dann meine Lebensgefährtin wurde. Sie hat das Ganze vorangetrieben."	Eine sehr wichtige Stütze war die Freundin und Lebensgefährtin, die immer wieder Hoffnung vermittelte und sich auch aktiv in das Rehabilitationsprocedere einmischte.	Es kann hilfreich sein, einen optimistisch und aktiv mitgestaltenden Lebenspartner zu haben.	
Nach Leuten suchen, die einem helfen Die Suche nach Menschen, die ihm helfen können, betrieb Herr X. aktiv. „Man muss natürlich auch nach den Leuten suchen, die einem helfen. Entscheidend ist in meinem Fall auch, dass Sie den richtigen Techniker bekommen. Den Prothesenbauer habe ich zum Beispiel über eine Internetbekanntschaft aus dem Chatroom kennengelernt. (…) Dieser Techniker wiederum verkauft keine Standardware, sondern er baut das, was benötigt wird."	Herr X. suchte bewusst nach Menschen, die ihn auf dem Weg der Wiederherstellung unterstützen konnten. Er fand diese Menschen dann auch.	Es kann notwendig und hilfreich sein, bewusst nach Menschen zu suchen, die den Bewältigungsprozess unterstützen.	
Die Sturheit half Herr X. erlebte seine Sturheit als wichtige Hilfe zum Erreichen seiner Ziele nach dem Unfall. „Ich brauchte die Konsequenz zu sagen, ich zeige es euch und das ganz klare Ziel vor Augen zu verfolgen. Da braucht man auch etwas Sturheit dazu."	Herr X. beschreibt sich als stur und empfindet das für die Bewältigung seiner Krise als eine wichtige Eigenschaft.	Eine gewisse Eigenwilligkeit und Zielgerichtetheit können wesentlich zur Bewältigung und Zielerreichung beitragen.	
Schicksal Den Unfall an sich betrachtet Herr X. als Schicksal, das er so nehmen möchte wie es ist. „Ich denke nicht weiter nach über den Unfall. Sicher, irgendwann kommt es immer hoch und man fragt sich, warum gerade ich. Aber dass ich mich damit weiter beschäftige, nein. Das ist eben so. Ich kann daran jetzt auch nichts ändern. (…) Hadern	Herr X. lässt Gedanken des Haderns und des Grübelns über den Unfall nicht zu, da er sicher ist, dass sie ihm nicht weiterhelfen. Den Unfall betrachtet er als	Negative und grüblerische Gedanken können von manchen Menschen in der Krise bewusst beiseite geschoben werden. Es kann hilfreich sein, das Schick-	

hilft ja nicht. Es wäre aber auch falsch zu sagen, dass ich überhaupt nicht hadere. Natürlich denkt man sich manchmal, hätte ich an diesem Tag doch nicht... Das sind dann drei oder vier Minuten, aber ich will mir bewusst keine Zeit dafür nehmen."	Schicksal, das eben so ist.	sal so anzunehmen, wie es ist.
Dienst ist nicht mehr alles Eine wesentliche Veränderung nach dem Unfall besteht darin, dass das Privatleben eine neue Bedeutung gewonnen hat. „Dienst ist natürlich nicht alles. Früher war ich abends auch bis 10 Uhr hier gesessen und war zum Beispiel im Jahr zuvor sieben Monate lang nicht da. Hauptsache, ich konnte fliegen. (...) Das mache ich heute anders. (...), weil das Privatleben einen höheren Stellenwert erhalten hat."	Nach der Genesung ist die Arbeit nicht mehr so sehr im Vordergrund wie vor dem Unfall. Jetzt zählt das Privatleben mehr als vorher.	Ein Ergebnis des Bewältigungsprozesses kann sein, dass Arbeit weniger im Vordergrund steht und dem Privaten mehr Raum gegeben wird.
Auf Schwerbehinderte achten Herr X. hat sich mit der Schwerbehindertenvertretung in Verbindung gesetzt, weil er es als wichtig empfindet, verstärkt auf die Schwerbehinderten zu achten. „Normalerweise bin ich kein Freund von irgendwelchen sozialen Engagements dieser Art, als Mittelsmann zwischen Gewerkschaftsseite und Arbeitgeberseite. So ein Ausgleichsposten war nie mein großes Bestreben. (...) Aber jetzt überlege ich mir, wenn man das betriebswirtschaftlich sieht, hat man so viel Geld für einen Mann bezahlt, und er kann ja seine Arbeit erledigen. Vielleicht kann er nicht mehr in einen Auslandseinsatz gehen. Aber er kann ja hier arbeiten, wenn er jetzt zum Beispiel im Rollstuhl sitzt."	Herr X. hat jetzt mehr Mitempfinden für Menschen mit Handicap und setzt sich auch für diese ein.	Mitempfinden für Menschen in ähnlichen Lebenslagen kann ein Ergebnis der Auseinandersetzung sein.
Gelassenheit Im Umgang mit Kameraden erlebt Herr X. sich inzwischen gelassener als früher. „Vielleicht hat sich auch mit den Kameraden etwas verändert. Wenn mich Kameraden anschießen wollen, wäre ich früher abgegangen, heute lasse ich das eine oder andere einfach an mir abprallen."	Durch die Krise hat Herr X. auch eine Gelassenheit im Umgang mit Mitmenschen entwickelt, die vorher nicht in diesem Ausmaß vorhanden war.	Gelassenheit kann ein Ergebnis der Auseinandersetzung in der Krise sein. Sie kann durch neue Prioritätensetzung gefördert werden.

Tabelle 5: Verdichtungsprotokoll EX (Auszüge)

7.1 Die Gesprächspartner

7.1.5 OF: „Der Krebs"

Frau F. war zum Zeitpunkt des Gesprächs 39 Jahre alt. Nach ihrem Studium war sie als Ingenieurin bei einer großen internationalen Firma tätig. Dann erkrankte sie im Alter von 32 Jahren innerhalb eines Jahres zwei Mal an Krebs und wurde in Folge dessen für vier Jahre berentet. Sie sagt dazu:

> „Es war vollkommen richtig, in dieser Berentung zu sein, die Anforderungen sind größer als die Kraft."

Während dieser Zeit suchte sie eine berufliche Neuorientierung und nahm ein weiterbildendes Studium der Arbeits- und Organisationspsychologie auf. Nach einer beruflichen Wiedereingliederung arbeitete Frau F. zunächst wieder als Ingenieurin in ihrer früheren Firma. Dann konnte sie aber intern den Arbeitsplatz wechseln, um einer neuen Aufgabe nachzugehen, die ihr mehr entspricht und bei der sie die im Studium gewonnenen Kenntnisse einbringen kann.

Heute legt Frau F. mehr Wert auf Lebensinhalte außerhalb des Arbeitslebens als sie das früher getan hätte. Insgesamt sagt sie:

> „Die Krankheit hat mir geniale Möglichkeiten eröffnet, Dinge nicht mehr tun zu müssen. Es war ein Rundumschlag in alle Richtungen, mich von allem zu lösen."

Verdichtungsprotokoll (Auszüge)	*personengebundene Aussage*	*generalisierende Aussage zur Fragestellung*
Rente, keine Heilung absehbar Frau F. musste einen Rentenantrag stellen, weil man davon ausging, dass keine Heilung von ihrem Krebsleiden absehbar war. Das war psychisch schwer zu verarbeiten. Innerhalb kurzer Zeit war sie dann für drei Jahre erwerbsunfähig berentet. „Es war vollkommen richtig, in dieser Berentung zu sein, die Anforderungen sind größer als die Kraft. (…) „Ich kann mich erinnern, dass es für mich was total Positives war, den Rentenbescheid zu bekommen. Auf dem schwarz auf weiß steht, Sie sind in den nächsten Jahren berentet."	Frau F. fühlte sich während der akuten Krankheitsphase so schwach, dass sie nicht an Arbeit denken konnte. Für sie war es entlastend, vorübergehend berentet zu werden.	Wenn die eigenen Kräfte durch die Krankheit sehr geschwächt sind, kann eine längerfristige Ausgliederung aus dem Arbeitsprozess als entlastend erlebt werden.

Beruflicher Wiedereinstieg nach vier Jahren Rente Nach vier Jahren nahm Frau F. wieder ihre Arbeit in der bisherigen Firma auf. „Es war überhaupt kein Problem. Ich habe angerufen und gesagt, dass ich wieder kommen möchte. Man schaute dann erst, wie es mit meiner alten Abteilung aussieht, dort konnte ich dann sogar selbst sagen, dass ich dorthin nicht mehr gehen möchte. Dann lief das einfach über Beziehungen. Eine ehemalige Kollegin war inzwischen Managerin, das war die gleiche Job-Funktion, also Prozessingenieur, und ich fing wieder an."	Der Wiedereinstieg in die Arbeit wurde Frau F. von Seiten der Firma dadurch erleichtert, dass ihre Arbeitsplatzwünsche berücksichtigt wurden und man wenig formalistisch vorging.	Der berufliche Wiedereinstieg kann erleichtert und beschleunigt werden, wenn der Arbeitgeber wenig formalistisch vorgeht und Wünsche des Arbeitnehmers berücksichtigt.
Kontraproduktives Verhalten nach dem ersten Tumor Auch wenn später eine gewisse Erholungsphase kam, war in der Zeit direkt nach dem ersten Tumor eine Bewältigung für Frau F. schier nicht möglich. „Ich kann mich erinnern, in dem ersten Jahr habe ich übermäßig Alkohol getrunken. Ich habe nach dem Krebs auch das regelmäßige Rauchen angefangen, also unheimlich kontraproduktiv."	Frau F. erlebte zum Beginn ihrer Erkrankung, dass sie sich kontraproduktiv verhielt und vieles tat, was eher krankheitsfördernd war.	Es kann Phasen der Bewältigung geben, in der die betroffene Person eher kontraproduktiv handelt.
Wandel der Persönlichkeit, Grenzen wahrnehmen Mit dem Bestrahlungskeller, in dem Frau F. ihren Behandlungen erhielt, verbindet sie das Bild, dass Teile ihrer Persönlichkeit sich nach wie vor in diesem Bestrahlungskeller befinden. „Ich denke, dass es ein starker Wandel war von der Persönlichkeit. (...) Ja, wenn ich sage, Wechsel von der Persönlichkeit, dann merke ich auch, ich habe nicht mehr die Kraft wie früher. Ich komme viel schneller an die Grenzen oder ich könnte auch sagen, ich nehme die Grenzen schneller wahr."	Frau F. empfindet, dass sie nach der Erkrankung weniger Kraft hat und schneller an ihre Grenzen kommt als zuvor.	Es ist möglich, dass nach der Krise nicht alle früher vorhandenen Kräfte zurückkommen, sondern dass die betroffene Person damit umgehen muss, ihre Grenzen früher zu erreichen.
Neue innere Orientierung Im Blick auf ihre Arbeitstätigkeit beschreibt Frau F. eine neue innere Orientierung, in deren Zentrum nicht mehr die Firma steht.	Während vor der Erkrankung die Firma im Zentrum stand, war es Frau F. nach der Krise	Ein Ergebnis des Verarbeitungsprozesses kann eine neue innere Orientierung

7.1 Die Gesprächspartner

„... dass ich versuche, mich weniger mit der Unternehmung zu identifizieren und den Fokus wieder auf meinen anderen freien Bereich, den ich als frei bezeichne, zu legen."	wichtig, innerlich Schwerpunkte zu setzen, die frei von Arbeit und Firma sind.	sein, die auch Schwerpunkte im Leben außerhalb der Arbeit setzt.
Fähigkeit, Emotionen abzukoppeln Auf die Frage, welche weiteren Faktoren Frau F. bei der Bewältigung ihrer Erkrankung halfen, benennt sie ihre Fähigkeit, Emotionen abzukoppeln. „Es gibt bei mir einen Verhaltensmechanismus, dass ich Emotionen in Krisensituationen komplett abkoppeln kann. Wenn es eine Extremsituation ist, egal ob es ein Unfall, eine Operation oder ein Tumor ist, dann bin ich extrem ruhig, und (...) ich kann mich komplett auf die kognitive Ebene verlagern."	Frau F. erlebte ihre Fähigkeit, Emotionen in der Krise abzukoppeln, kongitiv-rational zu handeln und konkrete Schritte zu planen, als sehr hilfreich.	In der Krise ist es möglich, Emotionen abzukoppeln und primär kognitiv-rational zu planen und zu handeln. Dies kann zum Gedeihen beitragen.
Einschlafen bei Stress In besonderen Situationen kennt Frau F. den Mechanismus, dass ihr Körper müde wird und einschläft. Das empfindet sie als sehr entlastend. „Das zweite was mir sehr hilft, da kann ich auch ein Beispiel sagen: dass ich in extremen Stresssituationen einschlafe. (...) Dieses Einschlafen ist eine Schutzfunktion davor, in eine extreme Überforderung reinzukommen. Es schafft auf eine ganz gesunde Art Abstand zu einem Problem."	Frau F. verfügt über den für sie hilfreichen Mechanismus, bei stressgeladenen Situationen, auf die sie keinen Einfluss mehr nehmen kann, müde zu werden und einzuschlafen.	Es gibt innere Mechanismen, die bei stressgeladenen Situationen zu einer Entspannung führen können. Sie können dann hilfreich sein, wenn eigenes Handeln nicht mehr möglich ist.
Selbstverantwortung Wichtig ist für Frau F. auch die Tatsache, dass sie schon immer auch in emotionalen Bereichen Eigenverantwortung übernehmen musste. „Vielleicht noch eine Sache, die ich nicht als sehr schön erachte, die aber auch geholfen hat, ist, dass ich ein Leben lang ... sag ich mal, für mich selber verantwortlich war. Vor allen Dingen so im emotionalen Bereich. Ich habe es nie anders gelernt, als mich immer nur auf mich selber zu verlassen. Also ich habe nie eine Familie gehabt oder irgendwelche Beziehungen, wo ich 100%ig vertraut habe. Da war eher so die Erfahrung, dass Menschen sich an einem gewissen Punkt abwenden."	Frau F. erlebte es als wichtig, dass sie Verantwortung für sich selbst übernahm, sowohl bei der medizinischen Behandlung als auch für ihre emotionale Befindlichkeit. Dies fiel ihr leichter, weil sie früh gelernt hatte, Selbstverantwortung zu übernehmen.	Es kann hilfreich sein, im Behandlungs- und Verarbeitungsprozess möglichst viel Selbstverantwortung zu übernehmen und sich nur begrenzt auf das Umfeld zu verlassen.

Menschen sind hilfreich Gleichzeitig beschreibt Frau F., dass sie gelernt hat, dass auch andere Menschen hilfreich sind. „Was ich sicher gelernt habe, ist natürlich, dass es Menschen gibt, die sehr hilfreich sind. Die zu finden, dauert eine Weile, und es ist auch nicht einfach, sich da wirklich 100%ig darauf zu verlassen. Aber es gibt solche Menschen und es lohnt auch, danach zu suchen und mit ihnen in Kontakt zu sein."	In der Krise hat Frau F. gelernt, dass auch andere Menschen verlässlich sein können und dass es lohnend ist, sich auf sie zu verlassen.	Neben der Selbstverantwortung kann auch ein verlässliches Umfeld einen wichtigen Beitrag zum Gedeihen leisten.
Viele positive Veränderungen Insgesamt ist für Frau F. durch die Erkrankung vieles anders geworden, auch wenn sie die negativen Auswirkungen wie z.B. Kinderlosigkeit nicht verschweigt. „Was ist gleich geblieben? ... Also Gott sei Dank nicht viel. ... Ich kann da eigentlich wirklich nur sagen, dass es überwiegend positive Veränderungen gebracht hat. Also z.B. eine extreme Klärung im Verhältnis zu meinem Vater. Was ohne das Ganze gar nicht so möglich gewesen wäre. Besserer Zugang zu mir selber, besseres Gefühl in der Mitte zu sein oder das zu machen, was ich für richtig halte."	Die Erkrankung brachte Frau F. dauerhafte körperliche Einschränkungen. Trotzdem erlebte sie im Ergebnis viele positiven Veränderungen, die vor allem im Umgang mit sich selbst und mit anderen Menschen zu finden sind.	Es ist möglich, in der Krise mehr Veränderungen zum Guten zu erleben als zum Schlechten.
Optimismusgegnerin Abschließend betont Frau F., dass sie Optimismus im Zusammenhang mit Erkrankungen für problematisch hält. „Noch etwas: Ich bin ein Optimismusgegner. Dieser Gegenpol von Optimismus ist ja Pessimismus. Und Pessimismus hat einen schlechten Wert in unserer Gesellschaft. (...) Ich halte aber den Gegenpol, den Optimismus, auch für sehr fatal, weil er eben auch eine Beobachtung der Lage oder eine Eigenbeobachtung verhindert. Was wirklich wichtig ist, ist genau die Mitte und das ist ein Realismus. das ist für mich eine anstrebenswerte Form."	Für Frau F. ist eine realistische Eigenbeobachtung und Einschätzung ihrer Lage wichtig, sie will dabei weder Optimismus noch Pessimismus Raum geben.	Insgesamt kann es wichtig sein, die eigene Situation in der Krise realistisch einzuschätzen, nicht zu optimistisch, aber auch nicht zu pessimistisch.

Tabelle 6: Verdichtungsprotokoll OF (Auszüge)

7.1.6 UE: „Diagnose Leukämie"

Frau E. war zum Zeitpunkt des Gesprächs 34 Jahre alt. Als Verwaltungswirtin im öffentlichen Dienst hat sie einen sicheren Arbeitsplatz. Im Alter von 31 Jahren wurde chronisch-lymphatische Leukämie diagnostiziert, und sie musste sich innerhalb kurzer Zeit für eine Stammzellentransplantation entscheiden:

> „Dann habe ich die Stammzellen meines Bruders bekommen. Die Chemo war schon sehr anstrengend. Es ging also relativ langsam vor sich."

Während der einjährigen Behandlungs- und Rekonvaleszenzzeit ging Frau E. nicht zur Arbeit und tat die Dinge, die sie für sinnvoll und erholsam erachtete. Bei ihrer Rückkehr in den Arbeitsprozess nutzte sie die Gelegenheit, innerhalb des Betriebs auf einen neuen Arbeitsplatz zu wechseln, für den sie sich zuvor beworben hatte. Sie ist interessiert daran, sich beruflich noch über den derzeitigen Status hinaus weiter zu entwickeln, muss aber die Möglichkeiten dazu noch ausloten.

Auch wenn aktuell nicht ganz sicher ist, ob sie die Leukämie überstanden hat und abgesehen von der Erkrankung an sich, empfindet Frau E., Glück gehabt zu haben:

> „Also, ich hatte Glück mit den Ärzten, ich habe Glück mit meinem Job und ich habe Glück mit meinem Umfeld."

Verdichtungsprotokoll (Auszüge)	*personengebundene Aussage*	*generalisierende Aussage zur Fragestellung*
Anstrengende Behandlung An mehreren Stellen des Interviews betont Frau E., dass die Behandlung trotz der günstigen Umstände kräftezehrend und belastend war. „Da gab es dann eine stärkere Chemo, man musste das Immunsystem herunterfahren, und dann habe ich die Stammzellen meines Bruders bekommen. Die Chemo war schon sehr anstrengend. Es ging also relativ langsam vor sich."	Frau E. erlebte die Behandlung als kräftezehrend und belastend, war sich aber der Notwendigkeit dieser Behandlung bewusst.	Um die Notwendigkeit einer Behandlung zu wissen, kann dazu beitragen, die kräftezehrende Situation durchzustehen.

Familie, Freunde, Kollegen Wichtig waren für Frau E. ihr nahe stehende Bezugspersonen: „Dann waren da auch meine Familie, die ganzen Freunde und Kollegen, die sich alle sehr regelmäßig bei mir gemeldet haben und gesagt haben, das schaffst du, und melde dich, wenn es irgendetwas gibt. Das ist sehr viel wert." „Sie haben oft Mails geschrieben. Ich habe ja regelmäßig berichtet und habe daraufhin auch immer Rückmeldung bekommen. Das war eigentlich ganz nett. Es waren hauptsächlich zwei Kollegen aus meinem Team, die ich eigentlich gar nicht so lange kannte, und das fand ich sehr nett. (...) Sie haben mir auch einen großen Blumenstock geschenkt und gesagt, schön dass du wieder da bist."	Familienangehörige, Freunde und einige Kollegen waren wertvoll für Frau E. und ermutigten sie bei der Bewältigung ihrer Erkrankung. Frau E. berichtete ihrem Umfeld regelmäßig über ihren Behandlungsstand und erhielt darauf auch regelmäßig Rückmeldungen.	Familienangehörige, Freunde und Kollegen können ermutigend auf die Betroffenen einwirken und sie so bei der Bewältigung unterstützen. Es kann hilfreich sein, das Umfeld in regelmäßigen Abständen über den Behandlungsstand zu informieren.
Nicht über das Ende der Behandlung hinausgedacht Trotz der Zuversicht, dass die Therapie gelingen würde, dachte Frau E. zunächst nicht weiter als bis zur Behandlung. „Wobei ich in meiner Vorstellung nicht über die Behandlung hinausdachte. Das war schon klar. Es war schon irgendwie so, als ob das Leben da aufhören würde. Also: nichts planen, auch nicht denken, wie es danach wird, weil man es gar nicht einschätzen kann."	Frau E. schmiedete während ihrer akuten Krankheitsphase keine Zukunftspläne, dachte nicht über das Ende der Behandlung hinaus, da sie nicht abschätzen konnte, wie sich ihr Zustand entwickeln würde.	Wenn der Ausgang einer Erkrankung und Behandlung ungewiss ist, kann es hilfreich sein, sich zunächst ohne Zukunftspläne auf die aktuelle Behandlung zu konzentrieren.
Gespräche mit dem Seelsorger Eine wesentliche Stütze für Frau E. waren Gespräche mit dem Krankenhausseelsorger. „In der Zeit im Krankenhaus habe ich mit dem Seelsorger gesprochen, es gab auch Psychologen, aber mit ihnen wollte ich nicht reden. (...) Der Seelsorger dagegen war menschlich, er war eben ein Mensch, es ging auch um den Glauben, aber nicht nur."	Es war hilfreich für Frau E., regelmäßig und über einen längeren Zeitraum hinweg mit einem Seelsorger sprechen zu können.	Es kann hilfreich sein, regelmäßige Gespräche mit einem Seelsorger zu führen.
Auf Regeneration geachtet Die Regeneration war Frau E. gerade in der Zeit des Wiedereinstiegs wichtig.	Frau E. achtete während ihres beruflichen Wiedereinstiegs auf aus-	Es kann hilfreich sein, bei der Wiedereingliederung auf ausreichend

7.1 Die Gesprächspartner

„Ich hatte auch nicht das Gefühl, dass mich das überfordert. Ich habe aber auch darauf geachtet, dass ich nach ein oder zwei Wochen immer noch einen freien Tag nehme, um mich zu regenerieren."	reichend freie Zeit, um sich regenerieren zu können.	Freizeit zur Regeneration zu achten.
Sicherheit des Arbeitsplatzes Die Sicherheit des öffentlichen Dienstes spielte für Frau E. auch eine Rolle bei der Eingliederung. „Durch die Arbeit im öffentlichen Dienst hat man eben auch die Sicherheit, dass man keine Angst um seinen Job haben muss. Das gehört auch mit zu der ganzen Geschichte. Während des Krankenstands musste ich mir diesbezüglich nie Gedanken machen."	Es war hilfreich für Frau E., um die Sicherheit ihres Arbeitsplatzes auch nach der Krankheitsphase zu wissen.	Es kann hilfreich sein, um die Sicherheit des eigenen Arbeitsplatzes zu wissen.
Mündige Patientin Es kam Frau E. zugute, dass sie sich ausführlich über ihre Erkrankung und Behandlungsmöglichkeiten informierte. „Ich glaube, dass es mir auch geholfen hat, dass ich mich relativ gut informiert habe. Im Gespräch mit den Ärzten wussten diese, dass sie einen mündigen Patienten vor sich sitzen haben."	Es kam Frau E. zugute, dass sie sich ausführlich über ihre Erkrankung und Behandlungsmöglichkeiten informierte.	Es kann von Vorteil sein, sich ausreichend über die eigene Erkrankung und die Behandlungsmöglichkeiten zu informieren.
Auseinandersetzung mit dem Tod In der kritischen Phase der Behandlung fand auch eine Auseinandersetzung mit dem Tod statt. „Ich hatte ziemlich große Angst vor dem Tod und hatte mir bis dahin gar nicht klar gemacht, obwohl ich ja auch schon über dreißig bin, dass ich, wenn ich wirklich glaube, dass es nach dem Tod weitergeht, eigentlich keine so große Angst davor haben muss. Ich weiß ja, dass hinterher etwas kommt. (...) Dieser Aspekt hat mich dann auch beruhigt."	Es war entlastend für Frau E., in der Auseinandersetzung mit dem Tod Antworten zu finden, die ihre Angst nahmen.	Die Auseinandersetzung mit dem Tod kann als belastend erlebt werden. In der Auseinandersetzung mit dem Tod Antworten zu finden, kann dagegen als entlastend erlebt werden.
Glaube Ihr Glaube gab Frau E. eine Basis, auf der sie sich getragen. „Für mich ist es, so weit es der Glaube hergibt, auch so, dass ich sage, Gott trägt mich und hält mich und schützt mich, und er wird sich sicherlich etwas dabei gedacht haben. Dann habe ich auch weniger Sorgen gehabt."	Ein wesentlicher Faktor, der ihr Halt und Schutz gab, war bei Frau E. der Glaube, den sie auf ihre konkrete Situation beziehen konnte.	Religion und Glaube können das Wissen um Halt und Schutz in der konkreten Situation wesentlich stärken.

Vorerfahrung: früher Tod des Vaters Der Vater von Frau E. verstarb, als sie dreizehn Jahre alt war. Seit dieser Zeit versuchte sie, das Beste aus ihrem Leben zu machen. „Viele sagen ja, jetzt weiß ich erst das Leben zu schätzen und zu genießen. Ich kann nicht sagen, dass ich das nicht vorher auch schon gewusst hätte. Dadurch, dass mein Vater so früh und relativ plötzlich starb, ist mir das damals, als ich dreizehn war, schon klar geworden."	Frau E. hatte schon als Kind Erfahrungen mit Krankheit und Tod gemacht, und das führte dazu, dass sie schon immer bewusst gelebt hatte und das Leben schätzte.	Frühe Erfahrungen mit Sterben und Tod in der Familie können zu einem bewussteren Leben führen.
Rückschau: spannende Erfahrung und Stolz In der Rückschau beschreibt Frau E.: „Das klingt jetzt zwar krass, aber ich finde, dass diese Phase auf alle Fälle eine spannende Erfahrung war. Ich war eben nicht nur ängstlich, sondern auch gespannt, wie das kommen würde und was da alles auf mich zukommen würde. Ich war auch ein Stück weit begeistert von mir."	Im Ergebnis ist Frau E. auch stolz auf sich, die schwierige Situation so gut gemeistert zu haben.	Während der Krankheitsphase schwierige Situationen zu meistern, kann im Nachhinein zu einer Begeisterung über sich selbst führen.
Positive Grundstimmung bewahrt Frau E. hat ihren Optimismus und die positive Grundstimmung auch in schwierigen Phasen nicht verloren. „Ich bin erstaunt, dass ich auch meinen Optimismus die ganze Zeit über behalten konnte. Von außen betrachtet, finde ich das durchaus erstaunlich. Das hätte ich mir nicht unbedingt zugetraut. (…) „Denn was bringt das Jammern, dann habe ich ja noch nicht einmal etwas von dem, was ich jetzt genießen kann."	Es war für Frau E. hilfreich, einen gewissen Optimismus und eine positive Grundstimmung zu bewahren.	Es ist möglich und es kann hilfreich sein, sich in der Krise einen gewissen Optimismus und eine positive Grundstimmung zu bewahren.
Vorbilder Frau E. beschäftigte sich auch mit den Krankheitgeschichten anderer Frauen, die schwere Zeiten gemeistert hatten. Diese Frauen gaben ihr Orientierung. „Ich dachte, man kann soundsoviel überleben, und wenn andere schon so viel mitmachen mussten und trotzdem noch optimistisch und positiv gestimmt sind, will ich mir daran ein Beispiel nehmen. Ich glaube, das hat sich bei mir ziemlich tief festgesetzt. Ich dachte, da brauche ich jetzt noch nicht zu jammern."	Frau E. hatte sich mit der Geschichte von Menschen beschäftigt, die eine ähnliche Erkrankung gemeistert hatten. Das gab ihr Hoffnung und Orientierung.	Vorbilder können Hoffnung und Orientierung geben. Vorbilder können aktiv gesucht werden.

Tabelle 7: Verdichtungsprotokoll UE (Auszüge)

7.1.7 BN: „Autoimmunerkrankung der Schilddrüse"

Frau N. war zum Zeitpunkt des Gesprächs 45 Jahre alt und als Psychologin in freier Praxis tätig. Im Alter von 43 Jahren erlebte sie einen gesundheitlichen Tiefpunkt:

> „Ich lag abends im Bett und habe mein Herz auf der Matratze als Resonanzkörper dann selber gehört. Ich wog glaube ich noch 53 kg bei 1,78 m."

Es dauerte einige Zeit, bis die Diagnose klar war und letzten Endes die Schilddrüse entfernt wurde. Frau N. unterbrach ihre Arbeit aufgrund finanzieller Notwendigkeiten in dieser Zeit so gut wie nicht. Trotzdem war diese Phase hoch belastend für sie und führte auch zu privaten und beruflichen Veränderungen:

> „... lag auf dem Balkon und habe gedacht, wenn ich diesen ganzen Scheiß hier überlebe, dann mache ich noch einmal was ganz anderes. Und danach habe ich angefangen, Mediation zu studieren."

Auch heute noch arbeitet sie gerne, mag gefordert sein, achtet aber mehr darauf, Schönes außerhalb der Arbeit zu unternehmen. Zusammenfassend sagt sie über ihren Bezug zur Arbeit:

> „Jetzt funktioniere ich immer noch, aber ich sehe es relativer."

Verdichtungsprotokoll (Auszüge)	*personengebundene Aussage*	*generalisierende Aussage zur Fragestellung*
Geht nicht gibt's nicht Frau N. beschreibt sich als Powertyp und Einzelkämpfer, der immer seinen Weg durchs Leben gefunden hat. „Ich bin ein absoluter Powertyp, und geht nicht gibt's nicht. Und wenn es so nicht geht, dann muss es halt anders gehen. Auch so ein bisschen, wohl dadurch, dass ich Einzelkind bin, so ein bisschen Einzelkämpfer."	Frau N. hat bereits früh die Erfahrung gemacht: auch der nicht direkte Weg kann zum Ziel führen; ich kann vieles erreichen, wenn ich mich dafür einsetze; ich kann meine Ziele auch alleine erreichen	Frühere Erfahrungen können hilfreich sein, wenn sie bestätigen: auch der nicht direkte Weg kann zum Ziel führen; ich kann vieles erreichen, wenn ich mich dafür einsetze; ich kann meine Ziele auch alleine erreichen.

Gut dosierte Informationen eingeholt Frau N. begann nach der Diagnosestellung, Informationen über die Erkrankung einzuholen – aber auch nicht zu viele. „Ich habe mich dann noch etwas intensiver belesen. Ich bin nicht der Typ, der sich dann wunder wie beliest, um festzustellen, wie arm er dran ist."	Es war hilfreich, Informationen über die Erkrankung einzuholen. Aber das geschah in einem ausgewogenen Maß: zu viel Wissen wäre kontraproduktiv gewesen.	Das eigene Informationsbedürfnis will gestillt sein. Aber es kann auch ein kontraproduktives „zu viel" an Information geben.
Selbstbeherrschung statt Selbstmitleid Frau N. wollte auf keinen Fall in Selbstmitleid verfallen, und sie konnte sich auch gut beherrschen. „Ich kann mich unheimlich gut beherrschen und zusammenreißen, und so ging das dann immer."	Es gab eine bewusste Entscheidung gegen Selbstmitleid, dazu war Selbstbeherrschung hilfreich.	Eine bewusste Entscheidung gegen Selbstmitleid kann möglich und hilfreich sein.
Sport als Überlebensgarant Dass sie schon immer viel Sport getrieben hatte, war in der akuten Krankheitsphase sehr hilfreich. „Und hinterher hat mein Onkologe zu mir gesagt, wenn ich nicht so viel Sport gemacht hätte, hätte ich es wahrscheinlich nicht überlebt."	Sportlichkeit bzw. vor der Erkrankung schon Sport getrieben zu haben, war ein wichtiger Faktor bei der Bewältigung der Symptome.	Sportlichkeit kann ein wichtiger Faktor bei der Bewältigung der Symptome sein.
Distanziert von Kirche und früheren Freunden Als Folge der Erkrankung hat Frau N. auch ihre Freundschaften neu sortiert. „Ich war einfach erschrocken, wie wenige wirkliche Freunde ich hier unten habe. (…) Das war für mich eigentlich so… auch die im Bekanntenkreis aus der frommen Szene, dass die sich nicht gekümmert haben. (…) Ich habe mich auch distanziert aus der ganzen Szene und … habe inzwischen Freunde auch aussortiert."	Verarbeitet werden musste aber, dass viele vorherige Freunde nicht zur Stelle waren.	Wenn Freunde nicht zur Stelle sind, kann das zu einer großen Enttäuschung führen.
Neu: der Hund Nach der Trennung kaufte Frau N. sich einen Hund, der ihr in der Krankheitsphase sehr wichtig wurde. „Dann habe ich im Juni, als der Wurf da war, diesen ausgesucht und habe immer gedacht, für den Hund musst du am Leben bleiben und für den Hund darfst du nicht aufgeben."	Viel Halt gab der Hund, für den Frau N. sich entschieden hatte.	Ein Haustier kann in der schwierigen Phase viel Lebenswillen geben.

7.1 Die Gesprächspartner

Mit Gott und der Welt gehadert Frau N. kennt auch die Phase(n), als sie ihr Schicksal ablehnte. „Ich habe aber auch extrem angefangen, mit Gott und der Welt zu hadern, warum das nun alles sein muss und dass ich eigentlich gedacht hatte, nachdem die belastende Ehe vorbei ist, dass es jetzt bergauf ginge. Es war schon schwierig."	Ablehnung des Schicksals, Hadern mit Gott und der Welt gehörte dazu.	Phasen des Haderns sind nicht auszuschließen.
Angst war immer wieder da Bei aller Nüchternheit erlebte Frau N. immer wieder Ängste. „Es gab schon auch Tage, an denen ich aufgewacht bin und gedacht habe, oh, du lebst ja noch. Das gab es auch."	Auch angstvolle Phasen traten immer wieder auf.	Angstvolle Phasen können auftreten, auch bei insgesamt positiver Bewältigung.
„Lebensmüde" Teilweise war Frau N. so angestrengt, dass es ihr nichts ausgemacht hätte zu sterben. „Es war so anstrengend, dass ich gedacht habe, wieso kann nicht nachts einfach mein Herz nicht mehr können."	Auch Gedanken, nicht leben zu wollen, blieben nicht aus, waren aber auch nicht dominant.	Lebensmüde Phasen können auftreten, müssen aber nicht sehr viel Gewicht bekommen.
Ich mag gefordert sein Frau N. berichtet von einer Zugmotivation und davon, dass sie Arbeit an sich nicht als anstrengend erlebt. „Es hat mich gezogen, es war eine Zugmotivation. Ich bin so ein Typ, ich mag nicht unterfordert sein. Ich brauche immer etwas, was mich geistig herausfordert, interessiert, weiter bringt. (...) Mich strengt nicht an, wenn ich viel arbeite..."	Arbeit ist für Frau N. eine positive Herausforderung, der sie sich gerne stellt.	Arbeit kann eine positive Herausforderung sein.
Auch auf Dinge außerhalb der Arbeit achten Durch die Erkrankung achtet Frau N. inzwischen stärker auf eine Ausgewogenheit auch im Blick auf Dinge, die außerhalb der Arbeit liegen „Das ist vielleicht auch etwas, was sich eher geändert hat, dass ich anders über manches denke. Dass ich jetzt eher darauf achte, etwas Schönes zu machen oder etwas, was mir Spaß macht."	Eine Auswirkung der Erkrankung war auch, stärker auf Dinge außerhalb der Arbeit zu achten, diese zu genießen und nicht nur zu funktionieren.	Die Erkrankung kann auch zu einer Neuorientierung führen, die dem Privaten mehr Raum gibt.
Eigenes Coaching Zur Reflektion nimmt Frau N. jetzt eigenes Coaching in Anspruch „Ja und was ich vor einem Jahr angefangen	Frau N. hat im Nachhinein begonnen, ihr eigenes Leben unter Anlei-	Psychologische Begleitung kann bei der Verarbeitung der Krise

habe, dass ich selber jetzt – ich weiß nicht, ob ich eine Midlifecrisis habe – einmal die Woche zu einer Kollegin gehe und mit ihr über mein Leben rede, als Therapie, Coaching, Supervision."	tung einer Psychologin zu reflektieren.	hilfreich sein.
Bitter or better Es war Frau N. wichtig, nicht bitter zu werden. „Im Englischen gibt es ja das schöne Wort "either you get bitter or better". Und das war mir einfach wichtig, dass ich nicht verbittere über das, wie die anderen mit mir umgehen."	Frau N. wollte keine Verbitterung aufkommen lassen.	Eine bewusste Entscheidung gegen die Bitterkeit kann den Umgang mit Enttäuschungen erleichtern.
Eigenes Zutun ist wichtig Frau N. geht davon aus, dass Negativerfahrungen durchaus zum Guten gewendet werden können. Dabei ist aber die eigene Aktivität von Bedeutung. „Ich glaube nicht, dass man beliebig alles aus seinem Leben machen kann. Aber ich glaube schon, dass man viele Möglichkeiten hat. Und ich glaube, dass das Ganze, was ich mitgemacht habe, der Anfang so einer Phase war, wirklich meinen Weg zu finden."	Eigenes aktives Handeln ist eine wichtige Voraussetzung für eine Veränderung zum Guten.	Eigenes aktives Handeln kann eine Veränderung zum Guten bewirken.
Vorbilder und innere Dialoge Wichtig waren für Frau N. Menschen, die sie kannte und die ihr vorlebten, dass auch schwere Phasen durchstanden werden können. Mit diesen Vorbildern verbindet sie innere Dialoge, die ihr Optimismus geben. „Ich hatte in der Schulzeit einen losen Freund, der war damals um die vierzig, und ich war völlig beeindruckt, wozu der es schon alles gebracht hatte. Und dann hat er gesagt, weißt du, mein Lebensmotto ist einfach, ich bin ein Siegertyp. (...) Aber ich glaube, dass diese inneren Dialoge ganz wichtig sind. Oder dass ich mir überlegt habe, was ich schon geschafft habe und wo es auch schwierig war. Oder eben diese eine Cousine meines Vaters, die Schilddrüsenkrebs hatte und dass ich mit ihr telefoniert habe. (...) So was hat mir geholfen."	Hilfreich waren Vorbilder – allerdings mussten diese Menschen persönlich bekannt sein. Ebenso hilfreich waren innere Dialoge, die sich mit einem positiven Ergebnis befassten.	Persönliche Vorbilder können hilfreich sein. Innere Dialoge, die sich mit einem positiven Ergebnis befassen, können hilfreich sein.

Tabelle 8: Verdichtungsprotokoll BN (Auszüge)

7.2 Die Zeit vor der Krise

7.2.1 Von der Krise überrascht

Alle Gesprächspartner wurden von ihrer Erkrankung überrascht, ohne eventuelle vorherige Warnzeichen wahrzunehmen.

7.2.2 Erkennbare Zusammenhänge

Unterschiede ergeben sich in der retrospektiven Bewertung und Beobachtung: Lässt man die beiden Unfallopfer bei dieser Betrachtung außer Acht, stellt der überwiegende Teil der Gesprächspartner rückschauend erkennbare Zusammenhänge zwischen der Lebenswirklichkeit und der Erkrankung her. Aus der Rückschau der Gesprächspartner lässt sich ableiten:
- Es ist möglich, beruflichen Erfolg als so reizvoll und herausfordernd zu erleben, dass Warnzeichen, die auf Stress und Überforderung als Krankheitsauslöser hindeuten, nicht wahrgenommen werden (ST, UL).
- Der seelische Zustand vor der Erkrankung kann im Nachhinein als die Erkrankung begünstigend erlebt werden (OF).
- Die Krise kann als wichtig erachtet werden, um den bisherigen Lebensverlauf zu durchbrechen (HI, UL).

7.3 Die akute Phase

7.3.1 Unterschiedliche Wahrnehmung der Dimension der Krise

In der akuten Phase zeigten sich zunächst zwei unterschiedliche Reaktionen: Ein Teil der Gesprächspartner nahm anfangs das Ausmaß und den Ernst der Krise nicht wahr (ST, UE, BN). Ein anderer Teil war sich vom ersten Moment an der vollen Dimension der Krise bewusst (EX). Die Realität und Dimension der Krise wird zum Beginn der akuten Phase also unterschiedlich wahrgenommen.

7.3.2 Ängste und Nicht-Mehr-Leben-Wollen

Ein großer Teil der Gesprächspartner berichtete von depressiven Verstimmungen und Phasen des Nicht-Mehr-Leben-Wollens (HI, ST, UL, OF, BN) vor allem in der Anfangsphase der Krise. Suizidale Gedanken oder zumindest eine gewisse Depressivität können also Bestandteil der akuten Phase sein, ohne später aber zu einem negativen Entwicklungsergebnis zu führen. Dazu gehört auch, dass die Behandlung als emotional sehr belastend erlebt werden kann (BN) und auch bei insgesamt positiver Bewältigung angstvolle Phasen auftreten können (UE).

7.3.3 Ausgeliefertsein

Unangenehm kann für die Betroffenen das Gefühl des Ausgeliefertseins sein, das in der akuten Phase auftreten kann. Dieses Gefühl kann bei Menschen auftreten, die es gewohnt sind, ihr Leben eigenverantwortlich zu gestalten und die diese Eigenverantwortung auch wahrnehmen wollen (HI).

7.3.4 Sich selbst Gutes tun

Auch in der akuten Phase kann es möglich sein, Aktivitäten nachzugehen, die das eigene Wohlbefinden stärken (UE). Wenn dies gelingt, kann es das Gedeihen fördern.

7.4 Die Phase der Rekonvaleszenz

7.4.1 Zeit der Erholung

Nach der akuten Phase schloss sich bei allen Gesprächspartnern eine Phase der Rekonvaleszenz an, die Rehabilitationsmaßnahmen oder auch Erholungsphasen einschloss und sich in ihrer Dauer nach den Bedürfnissen des Individuums richtete.

7.4.2 Möglichst kurze Krankenhausphase

Der Klinikalltag kann als belastend erlebt werden (EX, BN, ST). Belebend kann es dagegen wirken, mit dem Leben des beruflichen Umfelds und der Gesellschaft konfrontiert zu werden (EX). Vor allem kann es hilfreich sein, das Krankenhaus so früh wie möglich zu verlassen, um wieder Alltagskompetenzen zu erwerben (EX) und in einer Umgebung zu genesen, die Normalität und Gesundheit ausstrahlt (ST).

7.5 Umweltfaktoren

7.5.1 Nahestehende Menschen als Unterstützung

Intensive Betonung findet in den Gesprächen die für das Gedeihen hohe Bedeutung von nahestehenden Menschen. Damit sind gemeint:
- Lebenspartner (ST, UL, UE)
- Eltern (EX, UE, BN)
- Freunde und Kollegen (ST, UL, EX, OF, UE, BN). Die Unterscheidung zwischen Freunden und Kollegen kann meist nicht trennscharf vorgenommen werden
- Arbeitgeber (ST, UL, EX)

Besondere Aspekte dabei können sein:
- Der Lebenspartner kann positiven Einfluss auf die Lebenseinstellung des Betroffenen nehmen (UL, EX)
- Die Verlässlichkeit des Umfelds kann eine hohe Bedeutung für die Betroffenen haben (OF, BN)
- Die Akzeptanz der gesundheitlichen Einschränkungen der Betroffenen kann eine wichtige Voraussetzung für das Miteinander sein (EX)
- Besonders hilfreich kann sein, wenn Vorgesetzte sich persönlich kümmern. Das kann das Empfinden fördern, trotz Handicap nicht wertlos zu sein (EX)
- Vor allem Gespräche können hilfreich für die Betroffenen sein (UL, OF).
- Betroffene können den Kontakt zu ihrem Umfeld fördern, indem sie dieses in regelmäßigen Abständen über den Behandlungsstand informieren (UE).

Es kann im Verlauf der Krise allerdings auch Phasen geben, in denen die Betroffenen mehr realistische Zuversicht besitzen als ihr Umfeld (HI, EX, UE). In diesen Phasen wird das Umfeld dann als eher belastend empfunden (EX, UE).

7.5.2 Bedeutung der Behandler und Berater

Ärzte und medizinisch geschulte Behandler spielen während der Krise eine bedeutende Rolle. Wichtig kann für die Betroffenen sein, von Ärzten realistische Hoffnung auf Genesung vermittelt zu bekommen (UL) oder ihre intensive und qualifizierte Zuwendung und Unterstützung zu erfahren (EX, OF, UE, UE, BN). Auch Gespräche mit psychologisch geschulten Menschen (UL, HI, OF, BN) oder mit einem Seelsorger (UE) können als hilfreich erlebt werden.

Nicht immer stehen entsprechende Menschen von Anfang an zur Verfügung, es kann notwendig und hilfreich sein, bewusst nach Ärzten und Beratern zu suchen, die den Bewältigungsprozess entsprechend der eigenen Interessen unterstützen (EX, OF).

7.5 Umweltfaktoren

7.5.3 Hilfreiche Vorbilder

Zur Bewältigung der Krise können Vorbilder einen Beitrag leisten, indem sie Hoffnung und Orientierung geben. Wenn die Krankheit auch von anderen Mitgliedern der Familie oder des sozialen Umfelds erlebt wurde und eine ähnliche Krise von diesen nahe stehenden Menschen schon bewältigt werden konnte, können solche Beispiele hilfreich sein (BN). Aber auch Personen, die nur entfernt bekannt sind, können als Vorbilder dienen (EX). Vorbilder können auch aktiv gesucht werden (UE, BN, EX).

7.5.4 Haustier

Ein Haustier kann in einer Krise aufgrund des persönlichen Bezugs zwischen Mensch und Haustier viel Lebenswillen vermitteln (BN).

7.5.5 Finanzielle Sicherheit

Die finanzielle Sicherheit spielt in der Krise für viele Betroffenen eine bedeutsame Rolle. Aspekte dabei können sein:
- Der Umgang mit Ämtern und Sozialversicherungsträgern kann als wenig unterstützend erlebt werden (ST, OF) und ist dann eher Belastung als Hilfe.
- Die Sicherheit des Arbeitsplatzes und das Wissen, nach der Erkrankung wieder beim bisherigen Arbeitgeber arbeiten zu können, können wesentlich zur Gelassenheit und zum Gedeihen beitragen (UL, UE, OF).
- Eine gute finanzielle Absicherung durch den Arbeitgeber kann einen Beitrag zum Gedeihen leisten (EX, OF).

7.6 Personale Ressourcen

7.6.1 Religion und Glaube

Religiosität spielt eine unterschiedliche Rolle bei den Befragten. Ein gewisser Glaube kann aber als Sicherheit und Schutz gebend erlebt werden (HI, UE). In der Auseinandersetzung mit dem Tod Antworten zu finden oder über Orientierung gebende Sinnkonzepte zu verfügen, kann als entlastend empfunden werden (UE, ST, HI).

7.6.2 Lenkung der Gedanken

Einige Gesprächspartner berichten von kognitiven Aspekten im Sinn bewusster Lenkung der eigenen Gedanken, die ihnen in der Krise halfen:
- Es kann hilfreich sein, negative Gedanken beiseite zu schieben und die eigenen Gedanken auf das Gute auszurichten (HI, EX)
- In der Krise ist es möglich, Emotionen abzukoppeln und primär kognitiv und rational zu planen und zu handeln (OF)
- Innere Dialoge, die sich mit einem positiven Ergebnis befassen, können hilfreich sein (OF)
- Realismus im Sinn einer realistischen Betrachtung der eigenen Situation unter möglichst objektiven Gesichtspunkten kann hilfreich sein (OF)
- Eine bewusste Entscheidung gegen Selbstmitleid ist möglich (BN)
- Eine bewusste Entscheidung gegen die Bitterkeit kann den Umgang mit Enttäuschungen erleichtern (BN)
- Humor kann ein hilfreiches Element der Bewältigung sein (ST)
- Aktivsein kann dem Grübeln entgegen gesetzt werden (BN).

7.6 Personale Ressourcen

7.6.3 Vorerfahrungen im Umgang mit Krisen

Ein weiteres stärkendes Element können frühere Erfahrungen mit erfolgreicher Krisenbewältigung sein:
- Es kann günstig sein, bereits Vorerfahrungen im Krankenhaus und beim Bewältigen von Krankheiten gesammelt zu haben (BN)
- Menschen, die sich schon vor der Krise mit gesundheitlichen Einschränkungen auseinander gesetzt zu haben, können dies als hilfreich erleben (EX)
- Frühere Konfrontationen mit Sterben und Tod in der Familie können zu einem bewussteren Leben führen (UE)
- Frühere Erfahrungen im Umgang mit schwierigen Situationen können hilfreich sein, wenn sie bestätigen: auch der nicht direkte Weg kann zum Ziel führen (BN); ich kann vieles erreichen, wenn ich mich dafür einsetze (BN); ich kann meine Ziele auch alleine erreichen (BN)
- Die Erfahrung, dass Kämpfen sich lohnt, kann in der Krise Kraft geben (HI).

7.6.4 Kämpfer

Persönlichkeitsmerkmale oder Handlungsmuster, die einen Menschen als Kämpfer oder Macher kennzeichnen, können das Gedeihen wesentlich fördern (HI, ST, BN). Aspekte der „Kämpfernatur" können sein:
- Die Überzeugung, dass es immer eine Lösung gibt und der Kampf gegen die Auswirkungen der Krankheit nicht schnell aufgegeben werden sollte (ST, BN)
- Eigenes aktives Handeln (BN)
- Die Fähigkeit, sich selbst gut zu organisieren (ST)
- Widerstände als Herausforderung annehmen (EX).

7.6.5 Verantwortungsübernahme

Eine wichtige Ressource kann der Umgang mit Verantwortlichkeit sein. Dazu kann gehören, die Gesamtverantwortung für die Genesung nicht abzugeben, sondern selbst auszuüben (ST, OF) und auch die Behandlungsprozesse aktiv und mündig mitzugestalten (EX, OF, UE).

7.6.6 Bereitschaft, Hilfe anzunehmen

Andererseits kann auch die Bereitschaft, Hilfe anzunehmen, zum Gedeihen beitragen. Dies betrifft zum einen die Hilfe der Mediziner, aber auch die des sozialen Umfelds (ST).

7.6.7 Zielstrebigkeit

In der Kombination von Kämpfertum und Verantwortungsübernahme ergibt sich auch eine gewisse Zielstrebigkeit, die dann im Verarbeitungsprozess wichtig sein kann (UL). Es kann hilfreich sein, die Ziele, die zur Bewältigung der Krise als notwendig erkannt wurden, hartnäckig und mit Durchsetzungskraft zu verfolgen (OF, EX).

7.6.8 Gesundheitsbewusster Lebensstil und Sport

Ein gesundheitsbewusster Lebensstil kann eine wichtige Ressource in der Krise sein (BN). Dazu gehört auch Sport, der vor oder während der Krise ausgeübt wurde oder wird (HI, UL, BN).

7.6.9 Entspannungsfähigkeit

Es gibt innere Mechanismen, die bei stressgeladenen Situationen zu einer Entspannung bis hin zum Einschlafen führen können. Diese Mechanismen können dann hilfreich sein, wenn eigenes Handeln nicht mehr möglich ist (OF).

7.6.10 Kontaktfähigkeit

Da Betroffene in der Krise auf Unterstützung durch andere Menschen angewiesen sind, kann Kontaktfähigkeit ein wichtiger Faktor bei der Bewältigung der Krise sein (ST).

7.7 Verarbeitungsprozesse

7.7.1 Kämpfen versus Anpassung

Generell kann die Verarbeitung der gesundheitlichen Krise als schwierig und anstrengend erlebt werden, so dass die Betroffenen sich im Spannungsfeld zwischen Anpassung und Kämpfen befinden.

Es kann hilfreich sein, alle Kräfte aufzuwenden, um gegen die Auswirkungen der Krise anzukämpfen und auch die körperlichen Funktionen wiederzuerlangen (HI, UL). Dazu können gehören:
- feste Zeit- und Handlungspläne (HI, EX)
- konkret formulierte Ziele (HI)
- mentales Training (HI)
- körperliches Training (HI)

Ein weiteres Element dieses Kämpfens kann sein, eine möglichst hohe Unabhängigkeit und Selbstständigkeit anzustreben und auch zu erreichen (HI). Auch ein gewisser Egoismus kann sich dabei ausbilden (EX).

Es kann hilfreich sein, Lebensgewohnheiten, die man als wertvoll erlebte, trotz gesundheitlicher Einschränkungen beizubehalten (UE). Andererseits kann es im Verarbeitungsprozess auch die Erfahrung geben, dass eine gewisse Anpassungsbereitschaft zu einer als gut erlebten Gelassenheit führt (UL).

7.7.2 Enttäuschungen versus Optimismus

Der Umgang mit Enttäuschungen kann für die Betroffenen eine Herausforderung sein, der sie sich stellen müssen. Bis zur Krise kann die Vorstellung vorherrschen, dass alle körperlichen Funktionen wiederherstellbar und reparierbar sind. Wenn diese Vorstellung enttäuscht wird, können auch Auseinandersetzungen mit dem Tod stattfinden (HI).

Auch Phasen des Haderns sind nicht auszuschließen (BN), ohne jedoch dann zwangsläufig zu einem negativen Entwicklungsergebnis zu führen.

Gleichzeitig kann es hilfreich sein, sich in der Krise einen gewissen Optimismus und eine positive Grundstimmung zu bewahren (UE).

7.7.3 Mit Ängsten umgehen

Während des Verarbeitungsprozesses können Ängste auftreten, die bewältigt werden können und nicht zu einem negativen Ergebnis führen müssen (ST, UE).

7.7.4 Rückschläge hinnehmen

Der Genesungs- und Bewältigungsprozess muss nicht geradlinig verlaufen, um erfolgreich zu sein (EX). Darüber hinaus kann es auch Phasen der Bewältigung geben, in der die betroffene Person eher kontraproduktiv handelt (OF), trotzdem kann die Verarbeitung insgesamt zu einem positiven Ergebnis führen.

7.7 Verarbeitungsprozesse

7.7.5 Mit Krankheitsfolgen umgehen

Nicht alle Krankheitsfolgen können während der Rekonvaleszenzphase so weit reduziert werden, dass keine Beeinträchtigung mehr zurück bleibt. So ist es auch Teil des Verarbeitungsprozesses, einen Umgang mit den verbleibenden Krankheitsfolgen einzuüben (HI, ST), so dass der Alltag trotz der Folgen gelebt werden kann. Hier kann es auch hilfreich sein, relativierende Vergleiche zu anderen Menschen mit ähnlichem Krankheitsbild zu ziehen (UL, EX).

7.7.6 Antworten auf das „Warum" finden

Ein weiterer Teil des Verarbeitungsprozesses kann die Auseinandersetzung mit der Frage nach dem „Warum" oder auch nach dem Sinn der Krise sein (HI). Es kann im Verarbeitungsprozess hilfreich sein, die Krankheit auslösende Faktoren zu identifizieren und ihre Wirkung nach Möglichkeit zu reduzieren (UL). Ebenso ist es möglich, einen Zusammenhang zwischen der Erkrankung und dem eigenen seelischen Zustand zu sehen und dadurch einen verbesserten Zugang zur eigenen Seele zu erhalten (OF).

7.7.7 Kurzfristige versus langfristige Orientierung

Wenn der Ausgang einer Erkrankung und Behandlung ungewiss ist, kann es hilfreich sein, in Etappen zu denken, sich zunächst auf die aktuelle Behandlung zu konzentrieren und keine Pläne für die fernere Zukunft zu schmieden (UE). Andererseits kann es hilfreich sein, während der Krise auch längerfristige (berufliche) Ziele anzuvisieren (BN, OF, EX).

7.7.8 Rückmeldungen erhalten

Die Auseinandersetzung mit der Wirkung der Beeinträchtigung auf andere Menschen kann ein Bestandteil des Bewältigungsprozesses sein (EX). Es kann für die

Einschätzung des eigenen Zustands hilfreich sein, Rückmeldungen aus dem sozialen Umfeld zu erhalten (HI, ST).

7.7.9 Rückzug versus Kontakt

Zeiten des Rückzugs ins Alleinsein können für die Verarbeitung der Krise ebenso hilfreich sein wie Zeiten intensiven Kontakts und intensiver Gespräche (OF).

7.7.10 Information versus Unbeschwertheit

Es kann von Vorteil sein, sich ausreichend über die eigene Erkrankung und die Behandlungsmöglichkeiten zu informieren (UE). Andererseits kann es auch ein kontraproduktives weil beschwerendes Übermaß an Information geben (BN), so dass die Herausforderung der Bewältigung darin besteht, Information im individuell angemessenen Umfang einzuholen.

7.8 Verhalten zur Arbeit

7.8.1 Den Lebensunterhalt sichern

Ein nicht zu vernachlässigender Aspekt der Arbeitstätigkeit ist die Sicherung des Lebensunterhalts, der auch in der Krise nicht seine Gültigkeit verliert (OF, BN).

7.8.2 Berufliche Ziele verfolgen

Es kann günstig und für die eigene Zufriedenheit wichtig sein, seine beruflichen Wünsche trotz der Krankheitsfolgen mit großem Engagement zu verfolgen (UL, EX). Bei Menschen, die während der Krankheitsphase arbeiten, können berufli-

7.8 Verhalten zur Arbeit

che Erfolge in dieser Zeit auch zum Gedeihen beitragen (BN). Arbeit kann hier als positive Herausforderung erlebt werden (BN).

Gleichzeitig kann es hilfreich sein, Alternativpläne hinsichtlich der beruflichen Ziele zu entwerfen. Trotz Zielorientierung kann es wichtig sein, die eigene Flexibilität zu erhalten und nicht zu sehr auf das Wunschziel fixiert zu sein (EX).

7.8.3 Berufliche Neuorientierung

Die Krise kann auch eine neue berufliche Orientierung hervorbringen, und es kann sich positiv auswirken, dieser Neuorientierung zu folgen und sich dadurch besser mit der eigenen Tätigkeit zu identifizieren (OF, BN). Auch wenn die Neuorientierung anspruchsvolle Herausforderungen mit sich bringt, können diese trotz eventuell insgesamt geringerer Kräfte gut bewältigt werden (OF).

Trotz einer beruflichen Neuorientierung kann es aber richtig sein, nach der Krise zunächst die gewohnte und bekannte Arbeitstätigkeit wieder aufzunehmen (OF). Mittelfristig kann es nach dem Einstieg dann wichtig sein, eine solche Tätigkeit zu finden, mit der eine hohe Identifikation möglich ist (OF).

7.8.4 Reduzierung und Strukturierung

Ein anderer Aspekt der neuen Orientierung kann sein, dass bestimmte Tätigkeiten wie z.B. anstrengende Führungsaufgaben (ST) nicht mehr ausgeübt werden oder die Arbeitszeit (OF) reduziert wird. Dazu gehört auch, den Arbeitstag klar zu strukturieren und ausreichende Pausenzeiten einzuplanen (ST).

Die Erkrankung kann zu einer Neuorientierung führen, die dem Privaten durch Reduzierung des Beruflichen mehr Raum gibt (BN, EX).

7.8.5 Zeitpunkt der erneuten Arbeitsaufnahme

Bei der zeitlichen Abstimmung zwischen dem Ruhen und der Wiederaufnahme der Arbeitstätigkeit können verschiedene Orientierungsmuster auftreten:

- Es kann zum einen hilfreich sein, sich frühzeitig beruflichen Themen zuzuwenden und so früh wie möglich nach der akuten Phase wieder zum Arbeitsprozess zurückzukehren (HI, BN)
- Wenn andererseits aber die eigenen Kräfte durch die Krankheit sehr geschwächt sind, kann eine längerfristige Ausgliederung aus dem Arbeitsprozess als entlastend erlebt werden (OF)
- Es kann im positiven Sinn als Entlastung erlebt werden, sich während der Krankheitsphase ausreichend Zeit zu nehmen, um sich auf Lebensinhalte außerhalb des Arbeitslebens zu konzentrieren (UE)
- Es kann hilfreich sein, stufenweise in den Arbeitsprozess zurückzukehren und dabei auf ausreichend Freizeit zur Regeneration zu achten (UE, ST).

Unabhängig vom Zeitpunkt der Arbeitsaufnahme kann eine frühzeitige Planung und Absprache des Wiedereinstiegs mit dem Arbeitgeber den beruflichen Eingliederungsprozess erleichtern (OF, UE).

7.8.6 Flexible Arbeitskultur

Das Bedürfnis, die Arbeit zeitlich und inhaltlich den eigenen Fähigkeiten anzupassen, scheint in der Phase des beruflichen Wiedereinstiegs besonders stark ausgeprägt zu sein. Verschiedene Aspekte beziehen sich darauf, dass eine flexible Arbeitskultur das Gedeihen fördern kann:

- Das Gedeihen kann begünstigt werden, wenn die Tätigkeiten auf die Möglichkeiten und Bedürfnisse nach der Krise abgestimmt werden (ST, UE)
- Hier kann es vorteilhaft sein, in einer Firma zu arbeiten, die verschiedene Möglichkeiten zum Einsatz des Arbeitnehmers hat (OF)
- Es kann hilfreich sein, Freiheiten zur eigenen Zeitgestaltung und inhaltlichen Gestaltung am Arbeitsplatz zu haben (UL, OF).

Ein weiterer Aspekt der flexiblen Arbeitskultur bezieht sich auf den Umgang mit formalen Bestimmungen. Betroffene können es als belastend erleben, wenn sie sich zwar gesund fühlen, aber aus arbeitsrechtlichen Gründen nicht ihrer Wunschtätigkeit nachgehen können (UL). Auch kann es als wenig förderlich erlebt werden, zum Einstieg in die Wunschtätigkeit umfassende Trainingsmaßnahmen durchführen zu müssen (UL). Hier kann der berufliche Wiedereinstieg erleichtert und beschleunigt werden, wenn der Arbeitgeber wenig formalistisch vorgeht und Wünsche des Arbeitnehmers berücksichtigt (OF).

7.8.7 Unterstützung durch den Arbeitgeber

Das Wissen um die Sicherheit des Arbeitsplatzes kann die Bewältigung der Krise erleichtern (OF). Gleichzeitig kann die Unterstützung durch den Arbeitgeber ein Gefühl der Verbundenheit und Verpflichtung gegenüber dem Arbeitgeber auslösen, so dass der Arbeitnehmer sich auch für den Arbeitgeber engagiert (OF).

7.9 Entwicklungsergebnisse

7.9.1 Keine Vertiefung der Schuldfrage

In der Krise kann die Neigung bestehen, sich selbst im vollen Umfang für diese verantwortlich zu machen. Selbst wenn man eigene Anteile am Entstehen der Krise entdeckt, ist es möglich, sich gedanklich bewusst von dieser Schuldfrage zu distanzieren (OF).

Ebenso kann es möglich sein, auch dann nicht die Schuldigen an der eigenen Situation zu suchen, wenn dies vom Umfeld nahegelegt wird (EX, HI), so dass die Schuldfrage insgesamt keine Vertiefung erfahren muss.

7.9.2 Das Schicksal annehmen

Ein Kennzeichen eines positiven Entwicklungsergebnisses kann sein, dass Betroffene eine Antwort auf die Frage nach dem „Warum" oder dem Sinn ihrer Krise gefunden haben und dass damit auch eine gewisse Integration der Erlebnisse in das eigene Leben stattfindet (HI, UL). Die Krise kann dann als zum eigenen Schicksal gehörend angenommen werden (EX, HI).

7.9.3 Beibehalten früherer Orientierungen

Ein positives Entwicklungsergebnis kann sich dadurch auszeichnen, dass es den Betroffenen gelungen ist, trotz der Belastungen diejenigen früheren Orientierungen beizubehalten, die ihnen wichtig waren. Ein Beispiel dafür ist die Bereitschaft, auch künftig zum Leben gehörende Risiken einzugehen (HI).

7.9.4 Neue Orientierungen

Am Ende einer Krise können auch neue Orientierungen stehen, die von den Betroffenen als Gewinn erlebt werden. Diese können beispielsweise sein:
- Wenn Faktoren, die das Entstehen der Krise begünstigten, erkannt sind, kann der Lebensstil verändert werden, um eine neue Krankheitsauslösung zu vermeiden (UL).
- Die Krise kann dazu führen, dass Menschen im Anschluss bewusster leben (HI), dass sie das eigene Leben auf eine neue Art wahrnehmen (ST) oder dass sie ihr Lebensziel neu definieren (ST).
- Mitempfinden für Menschen in ähnlichen Lebenslagen kann neu entstehen (EX, BN).
- Die Krise kann zu einer Verlangsamung des Lebenstempos führen (ST).

Eine Krise kann wie eine Befreiung wirken, indem sie den Weg ebnet, sich von eher negativen Dingen und Pflichten zu lösen (OF).

Im Ergebnis können Menschen sich trotz schwerer Erkrankung als auf der Seite des Glücks stehend erleben (UE, ST). Innerer Friede (ST), Gelassenheit (UL, EX, UE) und Ruhe (UE) sind Werte, die nach der Krise neu oder zumindest deutlich stärker ausgeprägt sein können als zuvor.

7.9.5 Veränderte Bedeutung von Ehrgeiz

Unterschiedliche Entwicklungsergebnisse zeigen sich hinsichtlich der Aspekte des Ehrgeizes und der Suche nach beruflichen Herausforderungen: Ein Teil der Befragten beschreibt Ehrgeiz und die Suche nach (beruflichen) Herausforderungen als Faktoren, die durch die Krise bestärkt wurden (HI). Ein anderer Teil der Befragten betont, dass Ehrgeiz und Leistung weniger wichtig wurde (ST) und sie dem Privaten gegenüber der Arbeit mehr Raum geben (EX, OF).

7.9.6 Aktiv handeln

Ein Entwicklungsergebnis, das die Gesprächspartner weitgehend teilen, ist die Erkenntnis, dass ihr eigenes Proaktivsein, ihr Handeln, wesentlich zum Gelingen beigetragen hat (OF, BN, EX, UL, HI).

7.9.7 Gestärktes Selbstbewusstsein

Während der Krankheitsphase schwierige Situationen zu meistern, kann im Nachhinein zu einer Begeisterung über sich selbst führen (UE).

Das Selbstbewusstsein und die Selbstsicherheit können durch die Erfahrung, dass Grenzen und Angst überwunden und gesetzte Ziele erreicht werden können, verstärkt werden (HI, OF, UE). Dieses Ergebnis kann auch möglich sein, wenn nach der Krise nicht alle früheren Kräfte zurückkehren, sondern die betroffene Person damit umgehen muss, ihre Grenzen früher zu erreichen (OF).

In der Summe ist es möglich, in der Krise mehr Veränderungen zum Guten zu erleben als zum Schlechten (OF).

8 Diskussion

Die vorliegende Untersuchung stützt sich auf sieben Gespräche, die gemäß der qualitativen Forschungsmethode des Persönlichen Gesprächs nach Langer (2000) geführt und bearbeitet wurden. Die Gesprächspartner haben offen und ausführlich über ihr äußeres und inneres Erleben vor, während und nach einer krankheits- oder unfallbedingten Krise gesprochen und dies in Beziehung zu ihrem derzeitigen Standing im Arbeitsleben gesetzt. Sie haben dabei einen jeweils individuellen Weg beschrieben, der zum einen von ihrem Umfeld, zum anderen von ihren eigenen Einstellungen und Verarbeitungsprozessen bestimmt wurde.

Allen Gesprächspartnern ist gemeinsam, dass ihnen gelungen war, trotz schwerer krankheitsbedingter Belastungen im Arbeitsprozess integriert zu bleiben oder dort nach einer Phase der Rekonvaleszenz wieder Fuß zu fassen. In der Auswertung wurde versucht, diejenigen Aussagen der Gesprächpartner herauszuarbeiten, die vor diesem Hintergrund Aufschluss über Faktoren und Prozesse der Resilienz geben.

8.1 Möglichkeiten und Grenzen der Methodik

8.1.1 Validität und Reliabilität

„Qualitative Verfahren liefern zuverlässige und gültige Ergebnisse, wobei die jeweiligen Maßstäbe etwas anders gefasst werden müssen." (Lamnek, 2005, S. 146)

Generell kann davon ausgegangen werden, dass qualitative Erhebungs- und Auswertungsdesigns aufgrund ihrer besonderen Nähe zum sozialen Feld, der Berücksichtigung der Relevanzsysteme der Befragten, der kommunikativen Verständigungsbasis und der geringen Prädetermination durch den Forscher in hohem Maß valide sind (Koch, 2006, S. 32). Qualitative Forschung kann eine besonders hohe Deckungsgleichheit zwischen den Äußerungen der Befragten und der empirisch zu erforschenden Realität hervorbringen. Wie Langer (2000, S. 92) betont, werden Validitätskriterien bei der Methode des Persönlichen Gesprächs als Weg in der psychologischen Forschung außerordentlich gut berücksichtigt: „der gesamte Forschungsansatz ist ja daraufhin konzipiert und zugeschnitten" (ebd.).

Langer (ebd., S. 38) fordert als Kriterium für das Erhebungsdesign, solche Personen zum Gespräch einzuladen, bei denen die realistische Aussicht besteht, in eine vertrauensvolle Beziehung eintreten zu können. Dieses Kriterium ist bei der vorliegenden Fragestellung, bei der das innere Erleben eine wesentliche Rolle spielt, von besonderer Bedeutung, um von den Gesprächspartnern nicht durch Oberflächlichkeit und Fassadenhaftigkeit verfälschte Informationen zu erhalten. Allerdings war es für den Autor kaum möglich, diesbezüglich im Vorfeld zu einer verlässlichen Einschätzung zu gelangen. Hier hätte ein gewisses Validitätsrisiko liegen können, wenn es bei der Durchführung der Gespräche nicht gelungen wäre, eine vertrauensvolle Beziehungsebene herzustellen. In der Praxis war diese Überlegung dann aber nicht relevant, da sich zum einen die Methode als sehr vertrauensfördernd erwies und zum anderen die Gesprächspartner eine hohe Bereitschaft zur authentischen Schilderung ihres Erlebens zeigten.

Nach dem Erstellen des Verdichtungsprotokolls wurden die Gesprächsteilnehmer um Authentifizierung der Gespräche gebeten. Der Autor nahm daraufhin in einem Verdichtungsprotokoll noch kleinere Änderungen vor, alle anderen Gesprächswiedergaben konnten unverändert bleiben. So konnte bei der Protokollierung der selektive Einfluss des Untersuchers relativiert werden.

„Es gibt kein angemesseneres Kriterium für die Güte bzw. die Gültigkeit unserer Gesprächsdokumentation und der darauf aufbauenden Aussagen als die zustimmende Stellungnahme der Person, deren Mitteilungen im Gespräch wir bearbeitet haben." (ebd., S. 71)

Reliabilität als wichtiges Gütekriterium der quantitativen Forschung im Sinn von Stabilität und Genauigkeit der Messung lässt sich nicht ohne Weiteres auf qualitative Methoden übertragen. Aufgrund des oben (Kapitel 6.2.1.) beschriebenen Prozesscharakters und der Flexibilität der qualitativen Forschung lässt sich die Güte der Forschung nicht durch Stabilität der Messung zu unterschiedlichen Zeitpunkten ablesen (Koch, 2006, S. 33).

8.1.2 Repräsentativität und Generalisierbarkeit

Qualitative Forschung erhebt nicht den Anspruch der Repräsentativität und zielt auch nicht auf die zahlenmäßige Verteilung bestimmter Merkmale ab (Lamnek, 2005, S. 183). Der Forscher darf also nicht den Anspruch erheben, mit seiner Befragung alle im Feld vorkommenden Erlebens- und Orientierungsmuster zu erfassen. Andererseits soll es Ziel der Erhebung sein, „der Vielfältigkeit der Erfahrungen zu einem Lebensthema in einer Forschungsarbeit Raum zu geben" (Langer, 2000, S. 38). Bei der Auswahl der Gesprächspartner legte der Autor deswegen Wert darauf, nicht nur Menschen aus seinem persönlichen oder beruflichen Umfeld zu befragen, sondern auch Angehörige sehr unterschiedlicher Berufsgruppen und mit unterschiedlichen gesundheitlichen Einschränkungen zu Wort kommen zu lassen. Insofern geht er davon aus, dass die befragte Personengruppe einen großen Teil der Erfahrungswelt der für die Forschungsfrage relevanten Zielgruppe abbildet, ohne jedoch vollständig oder repräsentativ zu sein.

Koch (2006, S. 11) betont, dass im Rahmen der qualitativen Analyse jede Einzelfallanalyse über den Einzelfall hinausgeht. Das bedeutet nicht, dass die festgestellten Aspekte generell auftreten müssen. Andererseits kann im Rahmen der Forschung die Aussage getroffen werden, dass die beschriebenen Aspekte tatsächlich vorhandene Vorkommensweisen beschreiben: „So ist der Sachverhalt auch, nicht nur, nicht bei allen Personen, nicht in allen Situationen, nicht allgemein; aber das Ausgesagte existiert" (Langer, 2000, S. 64). Diese Art von Generalisierbarkeit trifft auf die vorliegenden Aussagen zu.

Im Zusammenhang mit der Generalisierbarkeit weist Langer (ebd., S. 66) darauf hin, dass die in der Forschung oft geforderte Objektivität generell nur eingeschränkt gegeben sein kann. Die Beobachtungen des Forschers beruhen auf seinen Sinneseindrücken und seinen verstandesmäßigen Beurteilungen des Phänomens, so dass es bei der Wahrnehmung der Aussagen und ihrer Interpretation durchaus auch zu interindividuellen Variationen kommen kann.

Kritisch könnte im Zusammenhang mit der Generalisierbarkeit und der Validität ins Feld geführt werden, dass der Autor bei der Auswahl der Stichprobe auf eine Gegenstichprobe verzichtet und nicht mit Personen gesprochen hat, bei denen das Gedeihen trotz der Krise nicht gelungen ist. Diesen Verzicht hat der Autor zum einen aus Kapazitätsgründen geübt, zum anderen aber auch deswegen, weil er sich auf die ressourcen- und entwicklungsorientierten Aspekte konzentrieren wollte und es ihm daher weniger wichtig war, die Unterschiede zwischen einem positiven und einem negativen Entwicklungsergebnis genau beschreiben zu können.

8.1.3 Erfahrungen in der Gesprächsführung

Der Autor war im Vorfeld davon ausgegangen, die im Gesprächsleitfaden „Fragen" skizzierten Aspekte zumindest teilweise durch Nachfragen in Erfahrung bringen zu müssen. Im Gespräch zeigte sich dann, dass die Gesprächspartner die für den Forscher relevanten Aspekte weitestgehend aus eigenem Antrieb ins Gespräch brachten und sich der Interviewer so ganz auf das einfühlende Verstehen konzentrieren konnte.

Die in der Methodik beschriebene abschließende zusammenfassende Gesprächsbilanz war bei der Fülle unterschiedlicher Aspekte allerdings nur sehr begrenzt möglich, da diese eher wie eine Reduktion der von den Gesprächspartnern dargestellten Komplexität gewirkt hätte. Vor diesem Hintergrund verzichtete der Interviewer weitgehend auf eine Zusammenfassung am Ende des Gesprächs. Auf das im Gesprächsleitfaden festgehaltene Angebot der Nachsorge für besonders schwierige Gesprächsaspekte konnte der Interviewer verzichten, da an keiner Stelle ein entsprechender Bedarf erkennbar wurde.

8.1.4 Problematik der Auswertung

Bei der Auswertung der Gesprächsdaten ergaben sich einige Hürden, die den Autor veranlassten, in Details von dem ursprünglich von Langer (2000) entworfenen Design abzuweichen.

8.1 Möglichkeiten und Grenzen der Methodik

Zum einen musste die große Datenmenge bewältigt werden. Den allgemeinen Gepflogenheiten, lediglich einen Teil der Gespräche in Form von Protokollen zu verdichten und den anderen Teil der Gespräche bei Bedarf auszugsweise hinzuzufügen, wollte der Autor nicht folgen. Die Gesprächspartner berichteten jeweils von sehr individuellen Erfahrungen, die erst in ihrer Gesamtheit zu dem dargestellten Auswertungsergebnis führen konnten. Ohne vollständige Verdichtungsprotokolle und die dazu gehörenden fragestellungsbezogenen Aussagen wäre es nicht möglich gewesen, das Panorama der Lebenswirklichkeiten in ausreichendem Umfang zu erfassen.

Zum anderen wich der Autor insofern von Langers Anleitung zu Forschungsuntersuchungen (ebd.) ab, als dass er zunächst die personengebundenen und generalisierenden Aussageformulierungen in tabellarischer Form zum Verdichtungsprotokoll hinzufügte. Dies hatte zweierlei Nachteile: zum einen unterschied der Autor an dieser Stelle noch nicht stringent, welche der Aussagen in einem Bezug zur Fragestellung stehen und welche nicht. Zum anderen bestand die Gefahr, sich lediglich auf die Aussagen einzelner Sequenzen zu fixieren und größere Sinnzusammenhänge nicht zu erfassen. Die Vorteile, aufgrund derer der Autor sich für dieses Vorgehen entschied, bestanden darin, dass er mit diesem Schritt die Zuordnung der Aussagen zu den jeweiligen Textpassagen nachvollziehbar machte und insofern der für qualitative Forschung geforderten Explikation Rechung tragen konnte. In der zweiten Etappe der Auswertung war es dann angebracht, die Aussagen nochmals auf ihren Bezug zur Fragestellung hin zu überprüfen und beispielsweise Aussagen, die primär medizinischen Fragestellungen zuzuordnen waren, nicht weiter zu berücksichtigen.

8.2 Erkenntnisgewinn

8.2.1 Bedeutung von Arbeit

In der Krise verliert Arbeit offensichtlich dann an Bedeutung, wenn die Krise als lebens- oder existenzbedrohend erlebt wird. In diesem Fall ist es angebracht, berufliche Themen und die Eingliederung in den Arbeitsprozess hintenan zu stellen und der physischen und psychischen Stabilisierung ausreichend Zeit und Raum einzuräumen. Ist jedoch die Krise nicht lebensbedrohlich oder ist die akute Phase der Krise überwunden, kann es hilfreich sein, berufliche Themen frühzeitig in die Überlegungen einzubeziehen durch Rücksprache mit dem Arbeitgeber und konkrete Planungen der kurz- und mittelfristigen Ziele. Eine frühzeitige realistische Perspektive für die berufliche Entwicklung nach der Krankheitsphase kann zum Gedeihen der betroffenen Personen beitragen.

Wie in Kapitel 2.1 anhand der Bedürfnispyramide nach Maslow (1981) dargestellt, werden mit Arbeit auch soziale Bedürfnisse nach Kontakt, Anerkennung und Selbstwertschätzung und transzendente Bedürfnisse nach Selbstverwirklichung verbunden. So lässt sich erklären, dass Arbeit einen hohen Stellenwert für die persönliche Entwicklung und gesellschaftliche Einbindung einnimmt, sobald physiologische oder existenzielle Grundbedürfnisse nicht mehr akut bedroht sind. Wichtig ist hierbei, dass das Individuum frühzeitig eine aktiv gestaltende Rolle einnehmen kann und einnimmt.

Nicht zu unterschätzen sind zwei Umweltfaktoren, die den Verarbeitungsprozess begünstigen können:

- Finanzielle Absicherung durch den Arbeitgeber: Finanzielle Sicherheit hat für die Betroffenen eine hohe Bedeutung, und in der Krise können sie hierfür oft nicht aus eigenen Kräften sorgen; auch die gesetzliche Mindestabsicherung reicht häufig nicht aus. In diesem Fällen wirkt es sich positiv auf das Entwicklungsergebnis aus, wenn der Arbeitgeber zusätzliche Systeme finanzieller Absicherung installiert hat.
- Flexibilität des Arbeitgebers: Gemeint ist damit zum einen unbürokratisches Vorgehen bei der Wiedereingliederung, zum anderen sind auch Arbeitszeitmodelle gemeint, die den Beschäftigten vor allem in der Anfangsphase

8.2 Erkenntnisgewinn

eines Wiedereinstiegs Spielraum für eine individuelle und flexible Gestaltung ihrer Arbeitsabläufe lassen.

8.2.2 Bedeutung des Umfelds

Die Alltagserfahrung, dass ein Sicherheit, Annahme und Zuversicht gebendes soziales Umfeld das Gedeihen fördern kann, wird auch von der vorliegenden Auswertung bestätigt. Bedeutsam scheint darüber hinaus aber zu sein, dass die Betroffenen einen eigenen Beitrag zur Schaffung und Stabilität dieses Umfelds leisten können. Ein solcher Beitrag kann die Bereitschaft zur Annahme von Hilfe oder die regelmäßige Information des Umfelds sein, allerdings nicht nur in Form einer unbestimmten Kurzaussage wie z.b. „mir geht es schlecht", sondern als sachliche Auskunft über Gesundheitszustand, Auswirkung und Behandlung der Erkrankung.

Auch die eigenverantwortliche und nicht fremdgesteuerte Auswahl des Umfelds für die Rekonvaleszenz-Phase scheint in dieser Hinsicht wichtig. Generell kann es hilfreich sein, ein Umfeld aufzusuchen, das möglichst wenig Krankheit und möglichst viel Normalität repräsentiert, das aber auch helfend und entlastend zur Seite steht.

8.2.3 Die Krise in der Krise

Verarbeitung läuft nicht linear, sondern in Wechseln. Das bedeutet, dass auch psychische Krisenzeiten Teil des Verarbeitungsprozesses sind, und dass Depressivität, Hilflosigkeit, ein Gefühl des Ausgeliefertseins, Suizidalität und kontraproduktives Verhalten Teil des Krisenverarbeitungsprozesses sein können. Je nach Bewertung der Situation können motivationale, kognitive und auch emotionale Tiefpunkte erreicht werden, die an Seligmans (1975) Aussagen zur erlernten Hilflosigkeit (Kapitel 2.3) erinnern. Diese „Krisen in der Krise" können vor allem emotional als belastend erlebt werden. Eine Überwindung des Tiefpunkts scheint möglich, wenn es gelingt, eigene Handlungs- und Kontrollmöglichkeiten im Sinn eines secondary appraisal (Kapitel 3.2) in den Vordergrund zu stellen.

8.2.4 Aktivität des Individuums

Immer wiederkehrend zeigt sich in der Auswertung die Bedeutung der Aktivität oder Passivität des Individuums. Generell leistet die aktive Rolle des Individuums einen entscheidenden Beitrag zum Gedeihen. Dies betrifft unterschiedliche Aspekte:

- Genesungsprozess: Der Genesungsprozess kann gut gelingen, wenn das Individuum eine aktive Rolle bei der Behandlung einnimmt. Das schließt eine konstruktive und vertrauensvolle Zusammenarbeit mit Ärzten und Therapeuten ein, schließt jedoch ein rein passives Dulden der Behandlungen aus. Die Genesung folgt hier weniger dem homöostatischen, sondern mehr dem heterostatischen Gesundheitsbegriff (Kapitel 2.2), bei dem es darum geht, Störungen aktiv gegenüberzutreten und sie zu überwinden
- Orientierung zur Arbeit: Die in Kapitel 2.1 beschriebene Rolle des Individuums als aktives Subjekt verliert in der Krise auch hinsichtlich der Orientierung zur Arbeit nicht an Bedeutung. Hier sind die nach Möglichkeit selbstverantwortliche Wahl des Zeitpunkts für den beruflichen Wiedereinstieg und das proaktive Setzen und Verfolgen von Zielen wesentlich für einen gelingenden Eingliederungsprozess
- Orientierung zum sozialen Umfeld: Auch in der Krise ist das Individuum nicht passiv dem sozialen Umfeld ausgeliefert, sondern kann mit einem informativen, offenen und aktiven Kommunikationsverhalten Einfluss darauf nehmen, dass das Umfeld sich auch hilfreich verhalten kann.

Insofern sind im Genesungsprozess die gleichen Kompetenzen hinsichtlich der Selbstverantwortung und Selbstorganisation gefordert, die auch für postindustrielle Erwerbsarbeit gelten (Kapitel 2.1). In der Konsequenz kann davon ausgegangen werden, dass Individuen, die eine gesundheitliche Krise mit einem positiven Entwicklungsergebnis bewältigt haben, dabei auch für das Erwerbsleben relevante Kompetenzen gewinnen oder zur Anwendung bringen konnten.

8.2.5 Bedeutung von Kognitionen

Die Rolle der Kognitionen beim Resilienzprozess wird von vielen Gesprächspartnern direkt oder indirekt betont. Gedanken, Meinungen, Einstellungen, Wünsche und Absichten beeinflussen den Verarbeitungsprozess. Dazu gehören Mechanismen wie das Beiseiteschieben von Gedanken, das Setzen und Verfolgen von Zielen, die Entscheidung gegen Selbstmitleid und Bitterkeit, das Aufgreifen früherer Erfahrungen, die Übernahme von Verantwortung und die Bereitschaft, Hilfe anzunehmen. Auch der bewusste Versuch, sich selbst in der Krise noch Gutes zu tun, basiert auf kognitiven Prozessen.

Dies deckt sich mit kognitiven Aspekten des Coping-Ansatzes (Kapitel 3.2) und der Krisenbewältigung (Kapitel 3.5), denen eine zentrale und auch die Emotionen beeinflussende Bedeutung zukommt. Auch das Konzept des posttraumatischen Wachstums (Kapitel 4.5) betont diese Aspekte des Verarbeitungsprozesses, indem es von einer Situationsanalyse und kognitiven Reinterpretation ausgeht, die zum persönlichen Wachstum führen kann.

Vor dem Hintergrund eines interaktionistischen Menschenbilds kann davon ausgegangen werden, dass die kognitiven Prozesse in einer Wechselwirkung zwischen Selbstwahrnehmung, Wahrnehmung der Umwelt, Situationsbewertung und Zukunftsvorstellung stattfinden, und dass sie auch durch bewusstes Steuern beeinflusst werden können. Hier kommt den in den Kapiteln 4.5 und 4.7.1 beispielhaft beschriebenen Strategien der Aufmerksamkeitsfokussierung und des akkuraten Denkens eine wesentliche Bedeutung zu.

8.2.6 Dialektik der Prozesse

Auffallend ist, dass die Verarbeitungsprozesse sehr individuell und in einer gewissen Gegensätzlichkeit verlaufen. Die Pole, zwischen denen das Individuum eine Position finden muss, betreffen sowohl persönliche als auch berufliche Orientierungen. Betrachtet man die generalisierenden Aussagen zur Fragestellung im Überblick, lässt sich feststellen, dass eine Balance bei folgenden Aspekten gesucht wird (Abb. 4):

- Sinnloses Schicksal versus Sinnhaftigkeit
- Enttäuschung versus Optimismus
- Information versus Unbeschwertheit
- Rückzug versus Kontakt
- Kurzfristiges Denken versus langfristige Planung
- Widerstand und Kampf versus Anpassung
- Ehrgeiz versus Gelassenheit
- Frühe Arbeitsaufnahme versus lange Pause
- Flexibilität versus Struktur
- Rückkehr versus Neuorientierung.

Die Balance besteht allerdings nicht aus einer Positionierung genau in der Mitte zwischen den jeweiligen Polen, sondern in einem individuellen Gewichten und Tarieren der gegensätzlichen und doch zusammengehörenden Aspekte im Sinn eines multidirektionalen, interaktiven oder dialektischen Entwicklungsgeschehens, das abhängig ist von persönlichen Vorerfahrungen, Persönlichkeitsmerkmalen und Umweltfaktoren.

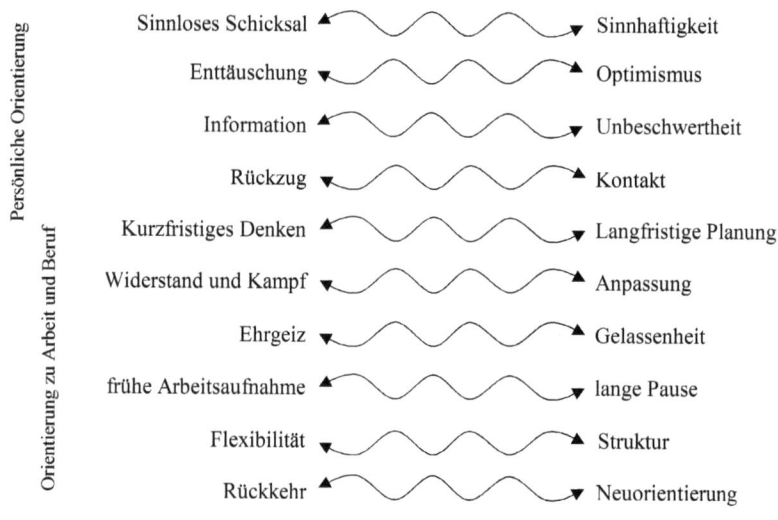

Abbildung 4: Dialektik des Bewältigungsprozesses

8.3 Übertragbarkeit des Resilienzmodells

8.3.1 Ganzheitlichkeit des Modells

Die Auswertung der Gespräche zeigt, dass die Faktoren, die in Krisensituationen Einfluss nehmen können, vielfältig sind, im Wesentlichen aber vier Kategorien zugeordnet werden können:

- Intrapsychische Faktoren wie z.B. Ängste, depressive Verstimmungen, Gefühl des Ausgeliefertseins, Entspannungsfähigkeit, Kontaktfähigkeit, Zielstrebigkeit
- Kognitive Faktoren wie z.B. der Versuch, sich selbst Gutes zu tun, Religiosität und Glaubensüberzeugungen, Erkennen und Neubewertung von Zusammenhängen, bewusstes Steuern von Gedanken
- Soziale Ressourcen wie z.b. nahe stehende Menschen, Arbeitgeber, Vorbilder, Haustiere
- Materielle Ressourcen wie z.b. finanzielle Absicherung durch den Arbeitgeber, soziale Sicherungssysteme.

Dem zufolge lassen sich Aspekte des Gedeihens bei krankheitsbedingten Belastungen im Arbeitsleben weder auf eher intraindividuelle Ansätze wie das Coping (Kapitel 3.2.), das Kohärenzerleben (Kapitel 3.3) oder die Selbstwirksamkeit (Kapitel 3.4) reduzieren, noch lassen sie sich allein durch soziologische oder medizinische Erklärungsmodelle umschreiben. Die Stärke des Resilienzmodells liegt darin, dass es eine umfassende und ganzheitliche Darstellung der relevanten Faktoren ermöglicht, indem es die beschriebenen Kategorien berücksichtigt.

Das von den Gesprächspartnern geäußerte Bedürfnis nach einer Umgebung, die Normalität und Gesundheit repräsentiert, kann als Bedürfnis gewertet werden, in der Krise nicht nur Defizite im Blick zu haben, sondern auch Ressourcen und Alltägliches. Dies entspricht der Grundausrichtung des Resilienzansatzes, sich nicht an Defiziten und Problemen zu orientieren, sondern am Überwinden von widrigen Bedingungen.

8.3.2 Prozessorientierung

Zwar wird dem Resilienzmodell teilweise noch eine Betonung von statischen persönlichen Charakteristika zu Lasten der Prozessorientierung unterstellt (Zöllner et al, 2006, S. 39), dies deckt sich jedoch nicht mit neueren Untersuchungen, bei denen eine dynamische Betrachtungsweise und die Erforschung differentieller Entwicklungsprozesse im Vordergrund stehen (Wustmann, 2004, S. 48). Diese Prozessorientierung wird von der vorliegenden Untersuchung bestätigt.

Alle Gesprächspartner berichten zwar auch von persönlichen Orientierungsmustern, die während der Krise stabil blieben, aber sie beschreiben ebenso andere Muster, die sich durch die Krise verändert und dann teilweise auch Einfluss auf das eigene Verhalten und die eigene Orientierung genommen haben. Insofern ist davon auszugehen, dass nicht nur stabile persönliche Charakteristika Einfluss auf den Bewältigungsprozess nehmen, sondern dass die in der Auswertung beschriebenen intrapsychischen und kognitiven Faktoren sowie die sozialen und materiellen Ressourcen überwiegend als Aspekte zu betrachten sind, die reflexiv aufeinander einwirken und sich im Lauf des Verarbeitungsprozesses verändern können. Im Resilienzmodell stellen diese Faktoren damit Moderatoren eines Verarbeitungsprozesses dar, der im Sinne einer Selbstreferenz wiederum Einfluss auf die Moderatoren nimmt. Das Zusammenspiel zwischen Umwelt und Person ist damit dynamischer Art mit wechselseitigen Wirkungsmechanismen.

Der Verarbeitungs- und Bewältigungsprozess verläuft nicht grundsätzlich linear, sondern kann auch Phasen beinhalten, die zunächst nicht zu einem positiven Entwicklungsergebnis zu führen scheinen.

8.3.3 Problematik der Rahmenmodells

Bei der Auswertung der Gesprächsdaten versuchte der Autor, die Aussagen auf der Grundlage der im Resilienzmodell (Kapitel 4.3) beschriebenen Kategorien (Umweltfaktoren, personale Ressourcen, Transaktionsprozess zwischen Person und Umwelt und Resilienzprozess) zu gliedern. Allerdings ließen sich die Aussagen nicht ohne Schwierigkeiten zuordnen.

8.3 Übertragbarkeit des Resilienzmodells

Zum einen sind im Modell die Umweltfaktoren in Risiko- und Schutzfaktoren unterteilt, während auf der Personseite nur Ressourcen und keine Vulnerabilitätsfaktoren Erwähnung finden. Zum anderen ist eine Unterscheidung des Zusammenspiels von Person und Umwelt einerseits und Person und Entwicklungsergebnis andererseits in der Praxis der Auswertung mühsam. Vor allem das Zusammenspiel zwischen Person und Entwicklungsergebnis lässt sich, auch wenn es im Modell als eigentlicher Resilienzprozess bezeichnet wird, schwer beschreiben. Nicht zu Unrecht wird dieser Prozess deswegen von einigen Forschern als „black box" des Resilienzphänomens bezeichnet (Wustmann, 2004, S. 63).

Die Auswertung zeigt deutlich die Bedeutung des aktiven und zielorientierten Handelns der betroffenen Person. Im Rahmenmodell der Resilienz ist diese Rolle aber wenig explizit. Zwar ist es richtig, das Individuum und den Resilienzprozess nicht aus dem kulturellen und sozialen Kontext herauszulösen, trotzdem darf dies nicht zu einer Unterbewertung der aktiven Rolle des Individuums führen. Dabei stehen nicht die Persönlichkeitsmerkmale im Vordergrund, sondern die oben beschriebene Dialektik des Bewältigungsprozesses, die ein aktives, emotional stimmiges und kognitiv gesteuertes Handeln des Individuums erfordert.

8.3.4 Anpassung des Modells

Bezüglich der Aspekte der Resilienz bei krankheitsbedingten Bedingungen im Arbeitsleben scheint es sinnvoll, das Rahmenmodell der Resilienz anzupassen und dabei Elemente der durch die Untersuchung gewonnenen Erkenntnisse einzubeziehen:

- Verarbeitung verläuft nicht linear, sondern in wechselnden Prozessen
- Die Dialektik des Bewältigungsprozesses scheint ein zentrales Element der Verarbeitung zu sein
- Alle bei der Verarbeitung relevanten Faktoren können wechselseitigen Einfluss nehmen und so den gesamten Verarbeitungsprozess beeinflussen, aber auch zu einer Veränderung der Faktoren selbst beitragen

- Die im Rahmenmodell dargestellten Transaktionsprozesse zwischen Person und Entwicklungsergebnis und zwischen Umwelt und Person lassen sich in der Praxis nur mit Mühe differenzieren
- Angesichts der Themenstellung und der bisher gewonnenen Erkenntnisse scheint es angebracht, zwischen allgemeinen Umfeldressourcen und arbeitsbezogenen Ressourcen zu differenzieren
- Die aktive Rolle des Individuums muss berücksichtigt werden
- Die Bedeutung der Kognitionen im Verarbeitungsprozess soll Erwähnung finden.

Auf der Grundlage dieser Faktoren entwickelte der Autor ein Modell, in dessen Zentrum der kognitive Bewältigungs- und Verarbeitungsprozess steht (Abb. 5). Der Prozess ist kreisförmig dargestellt, um die Nicht-Linearität abzubilden und deutlich zu machen, dass es im Verlauf des Resilienzprozesses auch zu Phasen kommt, bei denen das Individuum sich aus seiner subjektiven Sicht als weit entfernt von einem positiven Entwicklungsergebnis erlebt.

Wirkt also eine gesundheitliche Beeinträchtigung in Form einer Unfallfolge oder einer Erkrankung auf das Individuum ein, setzt sich bei diesem, abhängig von der Art und Schwere und der individuellen Wahrnehmung und Bewertung der Beeinträchtigung, ein Verarbeitungsprozess in Gang. Dieser ist beeinflusst von den allgemeinen Umfeldressourcen, den arbeitsbezogenen Ressourcen, den personalen Faktoren und der Proaktivität des Individuums. Im Lauf des Verarbeitungsprozesses wirkt das Individuum wiederum auf die Einflussfaktoren ein, so dass eine wechselseitige Einflussnahme entsteht.

Im Kern des Verarbeitungsprozesses findet die individuelle Orientierung im Sinn des oben beschriebenen dialektischen Prozesses statt.

8.3 Übertragbarkeit des Resilienzmodells

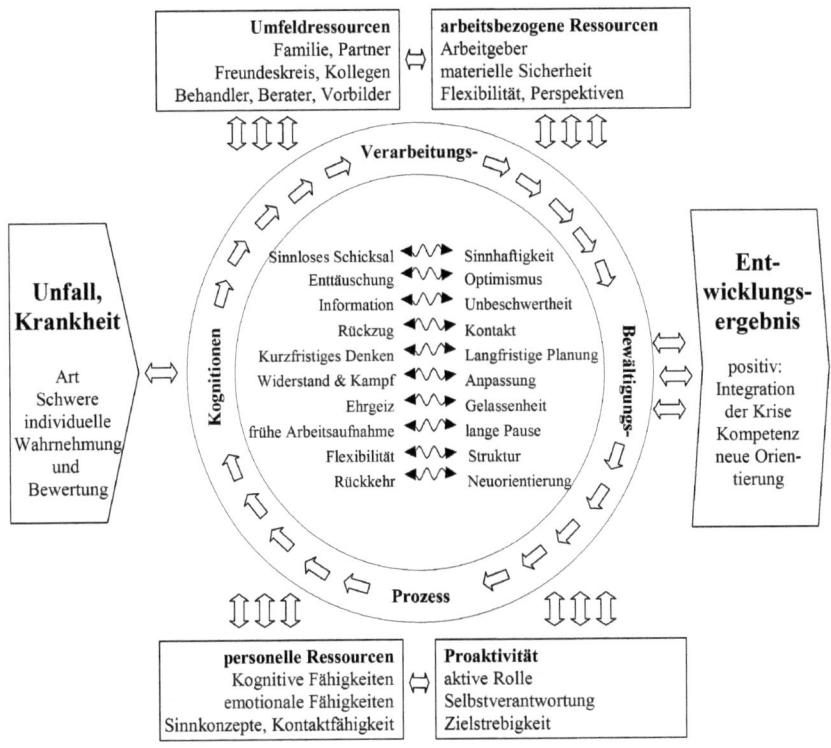

Abbildung 5: Angepasstes Resilienmodell

Der im Modell eingeführte Begriff der Proaktivität taucht bisher überwiegend in der Wirtschaftswissenschaft und Management-Literatur auf (Covey, 1994, S. 68), nicht jedoch im Zusammenhang mit Resilienz. Gemeint ist damit ein Verhalten, das identisch ist mit der in Kapitel 8.2.4 beschriebenen aktiven und initiativen Rolle des Individuums. Covey beschreibt in seiner Darstellung eines Modells der Proaktivität einen Entscheidungsfreiraum zwischen Reiz und Reaktion, den das Individuum selbstbestimmt füllen kann:

„Es bedeutet mehr, als einfach nur die Initiative zu ergreifen. Es heißt, dass wir als Menschen selbst für unser Leben verantwortlich sind. Unser Verhalten ist eine Funktion unserer Entscheidungen, nicht der gegebenen Bedingungen. Wir können unsere Gefühle Werten unterordnen. Wir haben die Initiative und die Verantwortlichkeit, Dinge zu gestalten." (ebd.)

Mit dem Begriff der Proaktivität betont das Modell die selbstverantwortliche und aktive Rolle des Individuums, die eng gekoppelt ist mit kognitiven Prozessen und Zielvorstellungen.

Bei der Beschreibung des Entwicklungsergebnisses legt sich das Modell einseitig auf ein positives Entwicklungsergebnis fest. Damit soll nicht impliziert werden, dass Verarbeitungsprozesse generell zu einem positiven Resultat führen. Konsequenterweise aber kann nur dann von Resilienz gesprochen werden, wenn das Entwicklungsergebnis nach der Bewältigung einer Krise als positiv oder zumindest neutral erlebt wird.

9 Rückblick und Ausblick

9.1 Zur Untersuchung

Durch die qualitative Methode des Persönlichen Gesprächs konnte der Autor tiefen Einblick in das äußere und innere Erleben seiner Gesprächspartner erhalten und daraus generalisierende Aussagen ableiten. Im Rückblick waren es aber nicht nur die generalisierenden Aspekte, sondern auch die persönlichen Begegnungen und die jeweils individuellen Verarbeitungsstrategien, die Eindruck beim Autor hinterließen und über das akademische Wissen hinaus auch Respekt und Achtung vor Menschen entstehen ließ, die trotz ihrer Beeinträchtigung ihren Weg im (Arbeits-) Leben suchen und finden.

Aus wissenschaftlicher Sicht sind als Ergebnis zum einen zahlreiche Einzelerkenntnisse über Faktoren und Prozesse festzuhalten, die zu einem positiven Entwicklungsergebnis beitragen können. Zum anderen konnte ein auf die Fragestellung angepasstes Resilienzmodell entwickelt werden, das die in der Auswertung der Gespräche gewonnenen Erkenntnisse berücksichtigt. Das Modell erhellt die im Verarbeitungsprozess auftretende Dialektik, berücksichtigt die Bedeutung von Kognitionen und bringt den Begriff der Proaktivität in Verbindung mit Resilienzaspekten.

Es wäre nun Aufgabe weiterer Untersuchungen, dieses Modell in seinen Details zu überprüfen. Insbesondere hinsichtlich der den Prozess moderierenden Faktoren ist noch zu verifizieren, ob diese im Modell bereits vollumfänglich dargestellt sind.

In der vorliegenden Untersuchung wurde davon ausgegangen, dass die von den Gesprächspartnern subjektiv als gelungen erlebten (beruflichen) Entwicklungen nach der Krise grundsätzlich als positives Entwicklungsergebnis gewertet werden können. Wünschenswert wäre hier aber, durch weitere Forschungsprojekte vertiefte Erkenntnisse über die Merkmale positiver Entwicklungsergebnisse zu erhalten. Auch war zum Zeitpunkt der Gespräche noch nicht abschließend zu beurteilen, inwieweit die jeweiligen Entwicklungsergebnisse (Kapitel 7.9) von den Gesprächpartnern langfristig tatsächlich als positiv oder zumindest nicht als negativ erlebt werden, so dass hier zur Validierung eine Nachuntersuchung sinnvoll wäre.

9.2 Zur Anwendung

In den bisherigen Forschungsansätzen zur Resilienz werden kognitive Aspekte des Bewältigungsprozesses nur wenig berücksichtigt. Dies verwundert, da auch aus den Forschungen zum Stress- und Krisenmanagement die Bedeutung der kognitiven Aspekte bekannt ist – insbesondere dann, wenn es um die Entwicklung von Ressourcen stärkenden Trainingskonzepten geht. Metaanalysen über die Wirksamkeit von Stress-Managementtrainings beispielsweise zeigen, dass hier kognitiv-behaviorale Trainings die beste Wirksamkeit erzeugen (Zimolong & Elke, 2006, S. 121). Auch die vorliegende Arbeit unterstreicht die Bedeutung von Kognitionen im Verarbeitungs- und Bewältigungsprozess. So kann davon ausgegangen werden, dass Resilienz durch das Training kognitiver Kompetenzen gefördert werden kann.

Die exemplarisch vorgestellten Trainingskonzepte von Reivich und Shatté (2002) und von Rampe (2005) betonen daher zu Recht Verarbeitungs- und Bewältigungsprozesse im Sinn einer kognitiven Auseinandersetzung mit der Krisensituation. Allerdings wäre es eine verkürzte Interpretation des Resilienzkozepts, sich lediglich auf die kognitive Verarbeitung und auf ausgewählte personenbezogenen Ressourcen zu konzentrieren.

In der Krise selbst besteht die Herausforderung für die Betroffenen darin, im Rahmen des in Kapitel 8.2.6 dargestellten dialektischen Prozesses eine für sie stimmige Position hinsichtlich der unterschiedlichen Pole zu finden. Diese Positionsbestimmung, die auch in die kognitiven Prozesse des Individuums eingebettet ist, zu fördern, könnte Aufgabe von Coaching in Krisen oder von begleitender Supervision oder Beratung sein. Die dialektischen und nicht-linearen Prozesse der Verarbeitung und Bewältigung nehmen einen interindividuell sehr unter-

9.2 Zur Anwendung

schiedlichen Verlauf, können aber durch eine stützende Begleitung der kognitiven Berarbeitung und des intrapsychischen Erlebens gestützt werden. Dabei ist es sinnvoll, nicht nur internale Prozesse zu thematisieren, sondern auch die Moderatorvariablen des angepassten Resilienzmodells (Kapitel 8.3.4) zu berücksichtigen und Strategien zur optimalen Nutzung dieser Ressourcen zu entwickeln. Bei der Betrachtung dieser Faktoren (Umfeldressourcen, arbeitsbezogene Ressourcen, personale Ressourcen, Proaktivität) sollte die Fragestellung in erster Linie darauf abzielen, welchen Beitrag das Individuum zur Schaffung eines förderlichen und im Bedarfsfall unterstützenden Umfelds leisten kann, welche inneren Haltungen dazu hilfreich sind und welche konkreten Schritte zur Umsetzung das Individuum gehen kann.

10 Literatur

Antonovsky, A. (1979). Health, Stress and Coping: New Perspectives on Mental and Physical Well-Being. San Francisco: Jossey-Bass Publishers.

Bandura, A. (1997). Self Efficacy: The Exercise of Control. New York: Palgrave Macmillan.

Beckmann, J. & Heckhausen, H. (2006). Situative Determinanten des Verhaltens. In J. Heckhausen & H. Heckhausen (Hrsg), Motivation und Handeln (3. Auflage) (S. 73-104). Heidelberg: Springer.

Bengel, J., Strittmatter, R. & Willmann, H. (1999). What keeps people healthy? The current Stat oft Discussion and the relevance of Antonovsky's salutogenetic model of health. Research and practice of health promotion, volume 4. Köln: Federal Centre for Health Education.

Brandt, W. (1983). Vorwort zu M. Jahoda, Wieviel Arbeit braucht der Mensch? Arbeit und Arbeitslosigkeit im 20. Jh. (S. 8-12). Weinheim: Beltz.

Bittelmeyer, A. (2007): Karrierefaktor Resilienz. ManagerSeminare 110, 36-44.

Borst, U. (2006). Von psychischen Krisen und Krankheiten, Resilienz und „Sollbruchstellen.". In R. Welter-Enderlin. & B. Hildenbrand (Hrsg), Resilienz – Gedeihen trotz widriger Umstände (S. 192 – 204). Heidelberg: Carl Auer Verlag.

Boss, P. (2006): Loss, trauma and resilience: Therapeutic work with ambiguous loss. New York: Norton.

Covey, S. (1994): Die sieben Wege zur Effektivität. Ein Konzept zur Meisterung Ihres beruflichen und privaten Lebens. Frankfurt: Campus.

Csikszentmihalyi, M. (1992). Flow: das Geheimnis des Glücks (13. Auflage). Stuttgart: Klett-Cotta.

DAK Forschung (2008). Gesundheitsreport 2008. Analyse der Arbeitsunfähigkeitsdaten. Schwerpunktthema Mann und Gesundheit. Berlin: IGES Institut.

Faltermaier, T., Mayring, P., Saup, W. & Stremel, P. (2002). Entwicklungspsychologie des Erwachsenenalters (2. Auflage). Stuttgart: Kohlhammer.

Franke, A. (2006). Modelle von Gesundheit und Krankheit. Bern: Hans Huber.

Finke, J. (2005). Wie klientenzentriert kann Krisenbehandlung sein? In Gesprächspsychotherapie und Personzentrierte Beratung, 4/2005, 237-243.

Hein, M., Sewz, G. (2005). Wissenschaftstheorie und Ethik. (Studienbrief 77354-6-01-S1). Hagen: Fernuniversität.

Hepp, U. (2006). Trauma und Resilienz. Nicht jedes Trauma traumatisiert. In R. Welter-Enderlin & B. Hildenbrand (Hrsg.), Resilienz – Gedeihen trotz widriger Umstände (S. 139-157). Heidelberg: Carl Auer.

Hildenbrand, B. (2006). Resilienz in sozialwissenschaftlicher Perspektive. In R. Welter-Enderlin. & B. Hildenbrand (Hrsg), Resilienz – Gedeihen trotz widriger Umstände (S. 20 – 27). Heidelberg: Carl Auer.

Hurrlemann, K. (2007). Gesundheitssoziologie. Eine Einführung in sozialwissenschaftliche Theorien von Krankheitsprävention und Gesundheitsförderung. Weinheim: Juventa.

Jahoda, M. (1983). Wieviel Arbeit braucht der Mensch? Arbeit und Arbeitslosigkeit im 20. Jh.. Weinheim: Beltz.

Kals, E. (2006). Arbeits- und Organisationspsychologie. Workbook. Weinheim: Beltz.

Koch, P. (2006). Qualitative Methoden in der Arbeits- und Organisationspsychologie. (Studienbrief 77368-8-01-S1). Hagen: Fernuniversität.

Kommunalverband für Jugend und Soziales Baden-Württemberg KVJS (2007). Leistungsbilanz 2006. Zahlen – Daten – Fakten zur Arbeit des Integrationsamtes. Karlsruhe: KVJS, Dezernat Integration.

Kolip, P., Wydler, H. & Abel, T. (2006). Gesundheit: Salutogenese und Kohärenzgefühl. In H. Wydler, P. Kolip & H. Abel (Hsrg), Salutogenese und Kohärenzgefühl. Grundlagen, Empirie und Praxis eines gesundheitswissenschaftlichen Konzepts (S. 11-20). Weinheim: Juventa-Verlag.

Kuckartz, U., Dresing, T., Rädiker, S. & Stefer, C. (2007). Qualitative Evaluation. Der Einstieg in die Praxis. Wiesbaden: VS Verlag für Sozialwissenschaften.

Kumpfer, K. (1999). Factors and processes contributing to resilience: The resilience framework. In M. Glantz & J. Johnson (Hrsg), Resilience and development: Positive life adaptions (S. 179-244). New York: Kluwer Academic / Plenum Publisher.

Lamnek, S. (2005). Qualitative Sozialforschung. Lehrbuch. 4. überarbeitete Auflage. Weinheim: Beltz.

Langer, I. (2000). Das Persönliche Gespräch als Weg in der psychologischen Forschung. Köln: GWG-Verlag.

Lazarus, R. (1998). The Life and Work of an Eminent Psychologist: Autobiography of Richard Lazarus. New York: Springer.

Lazarus, R. & Folkman, S. (1984). Stress, appraisal, and coping. New York: Springer.

10 Literatur

Lazarus, R. & Launier, R. (1981). Stressbezogene Transaktionen zwischen Person und Umwelt. In J. Nitsch (Hrsg), Stress: Theorien, Untersuchungen, Maßnahmen (S. 123-259). Bern: Huber.

Lösel, F. & Bender, D. (1999). Von generellen Schutzfaktoren zu differentiellen protektiven Prozessen: Ergebnisse und Probleme der Resilienzforschung. In G. Opp, M. Fingerle & A, Freytag (Hrsg), Was Kinder stärkt: Erziehung zwischen Risiko und Resilienz (S. 37-58). München: Ernst Reinhardt.

Lorenz, R. (2004). Salutogenese. Grundwissen für Psychologen, Mediziner, Gesundheits- und Pflegewissenschaftler. München: Ernst Reinhardt.

Luitjens, M. (2008). Coaching in Krisen. Ein Angebot an Leistungsträger Ihres Unternehmens. Unveröffentlichtes Manuskript, erhältlich beim Autor.

Masten, A. (2001). Resilienz in der Entwicklung: Wunder des Alltags. In G. Röper, C. von Hagen & G. Noam (Hrsg), Entwicklung und Risiko: Perspektiven einer klinischen Entwicklungspsychologie (S. 192-219). Stuttgart: Kohlhammer.

Maslow, A. (1981). Motivation und Persönlichkeit. Reinbek: Rowohlt.

Pongratz, H. & Voß, G. (2003). Arbeitskraftunternehmer. Erwerbsorientierung in entgrenzten Arbeitsformen. Düsseldorf: Hans-Böckler-Stiftung.

Mayring, P. (2007). Qualitative Inhaltsanalyse. Grundlagen und Techniken. 9. Auflage. Weinheim: Beltz.

Mosebach, K., Schwartz, W. & Walter, U. (2007). In K. Hurrlemann, T. Klotz, J. Haisch (Hrsg.), Lehrbuch Prävention und Gesundheitsförderung. 2., überarbeitete Auflage (S. 343-356). Bern: Huber.

Paulus, P. (1990). Selbstverwirklichung als psychische Gesundheit: eine Standortbestimmung. In Meyer-Cording G. & Speierer, G. (Hrsg.), Gesundheit und Krankheit. Theorie, Forschung und Praxis der klientenzentrierten Gesprächspsychotherapie heute (11-29). Köln: GWG-Verlag.

Rampe, M. (2005). Der R-Faktor. Das Geheimnis unserer inneren Stärke. München: Knaur.

Reddemann, L. (2004). Eine Reise von 1.000 Meilen beginnt mit dem ersten Schritt. Seelische Kräfte entwickeln und fördern. Freiburg: Herder

Reddemann, L. (2006). Trauma und Resilienz. Vortrag gehalten am 12.5.2006 aus Anlass der 8. Jahrestagung der Deutschsprachigen Gesellschaft für Psychotraumatologie, DeGPT, Medizinische Hochschule Hannover. Online im Internet: http://www.luise-reddmann.info/pages/Psychodynamische%20Therapie%20traumainduzierter%20St%F6rungen.pdf (Stand: 12.04.2008).

Reivich, K. & Shatté, A. (2002). The Resilience Factor. 7 Keys to Finding Your Inner Strength and Overcoming Life's Hurdles. New York: Broadwaybooks.

Robert-Koch-Institut (2006). Gesundheitsberichterstattung des Bundes. Gesundheit in Deutschland. Berlin: Robert-Koch-Institut.

Rogers, C. (2000). Therapeut und Klient (15. Auflage). Frankfurt/Main: Fischer Taschenbuch.

Sander, K. (2001). Lösungs-, Entscheidungs- und Handlungsorientierung in der Personzentrierten Beratung. In I. Langer, (Hrsg.), Menschlichkeit und Wissenschaft. Festschrift zum 80. Geburtstag von Reinhard Tausch (S. 445-460). Köln: GWG-Verlag.

Schmidt, G. (2005). Einführung in die hypnosystemische Therapie und Beratung. Heidelberg: Carl-Auer.

Schütze, F. (1977). Die Technik des narrativen Interviews in Interaktionsfeldstudien – dargestellt an einem Projekt zur Erforschung von kommunalen Machtstrukturen. Bielefeld: Fakultät für Soziologie an der Universität.

Schütze, F. (1978). Was ist „Kommunikative Sozialforschung"? In H. Gärtner & S. Hering (Hrsg.), Modellversuch „Soziale Studiengänge" an der Gesamthochschule Kassel, Materialien 12 (S. 117-131). Kassel: Regionale Sozialforschung Kassel.

Seligman, M. (1975). Helplessness. On Depression, Development and Death. San Francisco: W. H. Freeman and Company.

Sewz, G., Seyran, I. & von Saint-George, B. (2006). Selbst und Sozialkompetenz. Kurseinheit 3: Selbst- und Stressmanagement (Studienbrief 77365-9-03-S2). Hagen: Fernuniversität.

Siebert, A. (2005). The Resiliency Advantage: Master Change, Thrive Under Pressure, and Bounce Back from Setbacks. San Francisco: Berrett-Koehler Publishers.

Siegrist, U. (2007). Der Personzentrierte Ansatz in der Arbeits- und Organisationspsychologie. Gesprächspsychotherapie und Personzentrierte Beratung, 2/2007, 103-108.

Timm, W. (1987). Gesundheit und Krankheit. In H. Eyferth, H. Otto, H. Thiersch (Hrsg.), Handbuch zur Sozialarbeit/Sozialpädagogik (S. 439-458). Neuwied: Luchterhand.

Ulich, D. (1987). Krise und Entwicklung. Zur Psychologie der seelischen Gesundheit. München: Psychologie Verlags Union.

Ulich, E. (1981). Subjektive Tätigkeitsanalyse als Voraussetzung autonomieorientierter Arbeitsgestaltung. In E. Ulich, J. Prümper, M. Frese (2002), Arbeits- und Aufgabengestaltung. Kurseinheit 2: Die Gestaltung von Arbeitstätigkeiten, Aufgaben- und Softwaregestaltung (Studienbrief 77357-7-02-S1). Hagen: Fernuniversität.

Walsh, F. (2006). Ein Modell familialer Resilienz und seine klinische Bedeutung. In R. Welter-Enderlin & B. Hildenbrand (Hrsg.), Resilienz – Gedeihen trotz widriger Umstände (S. 43-79). Heidelberg: Carl Auer.

10 Literatur

Weinberger, S. (1994). Klientenzentrierte Gesprächsführung: eine Lern- und Praxisanleitung für helfende Berufe (6., überarbeitete und erweiterte Auflage). Weinheim: Beltz.

Weinert, A. (2004). Organisations- und Personalpsychologie (5. vollständig überarbeitete Auflage). Weinheim: Beltz.

Werner, E. & Smith, R. (1982). Vulnerable but invincible: A Study of resilient children. New York: McGraw-Hill

Werner, E. & Smith, R. (2001). Journeys from Childhood to Midlife. Risk, Resilience and Recovery. New York: Cornell.

Werner, E. (2006). Wenn Menschen trotz widriger Lebensumstände gedeihen – und was man daraus lernen kann. In R. Welter-Enderlin & B. Hildenbrand (Hrsg), Resilienz – Gedeihen trotz widriger Umstände (S. 28 – 42). Heidelberg: Carl Auer.

Wiendieck, G. (2003). Grundlagen und Perspektiven der Arbeits- und Organisationspsychologie (Studienbrief 77351-6-01-S2). Hagen: Fernuniversität.

World Health Organisation (2006). Constitution of the World Health Organization. Basic Documents, Forty-fifth edition, Supplement, October 2006. Online im Internet: http://www.who.int/governance/eb/who_constitution_en.pdf (Stand 04.04.2008).

Wustmann, C. (2004). Resilienz. Widerstandsfähigkeit von Kindern in Tageseinrichtungen fördern. Weinheim: Beltz-Verlag.

Zimolong, B. & Elke, G. (2006). Human Resources Management. Kurseinheit 3: Arbeits- und Gesundheitsschutz: Betriebliche Gesundheitsförderung (Studienbrief 77366-9-03-S1). Hagen: Fernuniversität.

Zöllner, T., Calhoun, L. & Tedeschi, R. (2006): Trauma und persönliches Wachstum. In A. Maercker & R. Rosner (Hrsg), Psychotherapie der posttraumatischen Belastungsstörungen, Krankheitsmodelle und Therapiepraxis – störungsspezifisch und schulenübergreifend (S. 36-42), Stuttgart: Thieme.

VS Forschung | VS Research
Neu im Programm Soziologie

Brigitte Brandstötter
Wo die Liebe hinfällt
Das neue Rollenbild ungleicher Paare –
Frauen mit jüngerem Partner
2009. 194 S. Br. ca. EUR 29,90
ISBN 978-3-531-16990-3

Phil C. Langer
Beschädigte Identität
Dynamiken des sexuellen Risikoverhaltens schwuler und bisexueller Männer
2009. 279 S. Br. EUR 39,90
ISBN 978-3-531-16981-1

Kai Brauer / Wolfgang Clemens (Hrsg.)
Zu alt?
„Ageism" und Altersdiskriminierung auf Arbeitsmärkten
2010. ca. 252 S. (Alter(n) und Gesellschaft Bd. 20) Br. ca. EUR 49,90
ISBN 978-3-531-17046-6

Ulf Matthiesen / Gerhard Mahnken (Hrsg.)
Das Wissen der Städte
Neue stadtregionale Entwicklungsdynamiken im Kontext von Wissen, Milieus und Governance
2009. 415 S. Br. EUR 39,90
ISBN 978-3-531-15777-1

Reiner Keller
Müll – Die gesellschaftliche Konstruktion des Wertvollen
Die öffentliche Diskussion über Abfall in Deutschland und Frankreich
2. Aufl. 2009. 329 S. (Theorie und Praxis der Diskursforschung) Br. EUR 29,90
ISBN 978-3-531-16622-3

Andreas Peter
Stadtquartiere auf Zeit
Lebensqualität im Alter in schrumpfenden Städten
2010. 260 S. (Quartiersforschung) Br. ca. EUR 34,90
ISBN 978-3-531-16654-4

Bettina Langfeldt
Subjektorientierung in der Arbeits- und Industriesoziologie
Theorien, Methoden und Instrumente zur Erfassung von Arbeit und Subjektivität
2009. 442 S. Br. EUR 39,90
ISBN 978-3-8350-7006-6

Birgit Riegraf / Brigitte Aulenbacher / Edit Kirsch-Auwärter / Ursula Müller (Eds.)
GenderChange in Academia
Re-mapping the Fields of Work, Knowledge, and Politics from a Gender Perspective
2010. approx. 430 pp. Softc.
approx. EUR 49,90
ISBN 978-3-531-16832-6

Erhältlich im Buchhandel oder beim Verlag.
Änderungen vorbehalten. Stand: Juli 2009.

www.vs-verlag.de

VS VERLAG FÜR SOZIALWISSENSCHAFTEN

Abraham-Lincoln-Straße 46
65189 Wiesbaden
Tel. 0611.7878-722
Fax 0611.7878-400

MIX
Papier aus verantwortungsvollen Quellen
Paper from responsible sources
FSC® C105338

If you have any concerns about our products,
you can contact us on
ProductSafety@springernature.com

In case Publisher is established outside the EU,
the EU authorized representative is:
**Springer Nature Customer Service Center GmbH
Europaplatz 3, 69115 Heidelberg, Germany**

Printed by Libri Plureos GmbH
in Hamburg, Germany